LISTO PARA VOLAR

Normativa y Operaciones UAS en el Espacio Aéreo EASA

Daniel Martínez González

DroneBooks

Primera edición
Septiembre 2026

LISTO PARA VOLAR: Normativa y Operaciones UAS en el Espacio Aéreo EASA

Primera edición, septiembre de 2026

Autor: Daniel Martínez González

Publicado por: DroneBooks

ISBN: 978-84-09-90729-8

Depósito Legal: M-22146-2026

Registro SafeCreative: SC-2026-2608206780962

Contacto: info@dronebooks.eu

Página web: https://dronebooks.eu

Descargo de Responsabilidad:

Este libro es una guía técnica sobre normativa EASA para operaciones con drones. El autor no se responsabiliza por cambios posteriores en regulaciones nacionales o europeas, interpretaciones divergentes, o consecuencias de su aplicación.

Consulte siempre documentación oficial de EASA y su autoridad nacional competente.

DroneBooks

Índice general

Prólogo

Este libro nace de la necesidad de proporcionar a operadores, pilotos, ingenieros y reguladores una guía práctica sobre la normativa EASA aplicable a operaciones con sistemas de aeronaves no tripuladas (UAS) en el espacio aéreo europeo.

La regulación de drones en Europa ha evolucionado significativamente desde la publicación de los Reglamentos (UE) 2019/947 y 2019/945. Estos marcos regulatorios establecen categorías operacionales claras: Abierta, Específica y Certificada; certificaciones de piloto; requisitos de registro y documentación.

A través de este volumen, encontrarás información estructurada sobre:

- Marco regulatorio europeo y su implementación nacional
- Categorías de operación y clasificación de drones
- Requisitos de licencia y certificación
- Procedimientos de registro y seguros
- Normativa de espacio aéreo y U-space
- Consideraciones meteorológicas y de seguridad
- Protección de datos (RGPD) en operaciones con cámaras
- Documentación y trazabilidad requerida

Cada capítulo combina fundamentación normativa con casos prácticos y referencias útiles.

Cómo Usar Este Libro

Lectura secuencial

Comienza en el Capítulo 1 y avanza según tus necesidades. Los primeros capítulos proporcionan contexto regulatorio general; los últimos abordan operaciones especiales y documentación.

Consulta rápida

Si buscas información específica, consulta la Tabla de Contenidos o el Glosario (Capítulo 12) para definiciones rápidas.

Preparación operacional

Si necesitas planificar una operación, revisa el Capítulo 2 (Categorías), identifica tu caso en el Capítulo 10 (Operaciones Especiales), y consulta el Capítulo 9 (Logbooks) para documentación.

Estructura de Este Volumen (12 Capítulos)

1. **Marco Regulatorio EASA.** Historia y evolución de la regulación de drones en Europa.
2. **Categorías de Operación.** Open, Specific, Certified y clases de drones (C0-C6).
3. **Licencias y Certificaciones de Piloto.** Requisitos de formación y certificación.
4. **Registro de Operadores y Aeronaves.** Procedimientos de registro y seguros.
5. **Espacio Aéreo, U-Space y ATC.** Zonas, comunicaciones y coordinación aérea.
6. **Meteorología Aplicada.** Interpretación de datos meteorológicos para operaciones.
7. **Permisos y Trámites Administrativos.** Procedimientos de autorización.
8. **RGPD y Protección de Datos.** Aplicación de privacidad en operaciones.
9. **Registro Documental y Logbooks.** Trazabilidad y auditoría.
10. **Operaciones Especiales.** BVLOS, sobre aglomeraciones, nocturnas, profesionales.
11. **Seguridad y Buenas Prácticas.** Gestión de riesgos y protocolos operacionales.
12. **Glosario, Recursos y Plantillas.** Definiciones, contactos de autoridades y documentos.

Estructura de Este Volumen (12 Capítulos)

[illegible]

Capítulo 1

Marco Regulatorio EASA

1.1 Introducción

La regulación de sistemas de aeronaves no tripuladas (UAS) en Europa representa uno de los marcos más desarrollados y coherentes del mundo. A diferencia de otras regiones donde la normativa es fragmentada y nacional, la Unión Europea ha establecido un sistema armonizado bajo la supervisión de la EASA (European Union Aviation Safety Agency) que permite operar drones de forma uniforme en todo el espacio aéreo europeo.

Este capítulo recorre el marco regulatorio europeo: su evolución histórica, los reglamentos que lo componen y cómo se concreta en cada Estado miembro. Comprender estos cimientos no es un ejercicio académico, sino la base sobre la que se apoya cualquier decisión operativa posterior: qué certificado necesitas, dónde puedes volar y qué trámites te esperan.

Objetivo del Capítulo

Al completar este capítulo, comprenderás:

- Cómo surgió la necesidad de regular los drones en Europa y qué papel jugó JARUS.
- La arquitectura normativa: el Reglamento (UE) 2018/1139 como base, el Delegado 2019/945 para el producto y el de Ejecución 2019/947 para la operación.
- Las siete clases de marcado, de C0 a C6, y a qué subcategoría o escenario corresponde cada una.
- Las tres categorías de operación y las vías disponibles dentro de la Específica.
- Por qué un reglamento europeo no se transpone, y qué margen real conserva cada Estado.
- Dónde se aplica el marco y qué actividades quedan realmente excluidas.

1.2 Historia y Evolución de la Regulación de Drones en Europa

1.2.1 Antecedentes: JARUS y la Necesidad de Armonización

Hasta la entrada en aplicación del marco europeo, la regulación de drones en Europa estaba fragmentada. Cada país establecía sus propias reglas, lo que levantaba una barrera considerable para quien quisiera trabajar más allá de su frontera. Había operaciones permitidas en un Estado y prohibidas en el vecino, y no existía un estándar técnico común para la aeronavegabilidad de los aparatos.

Esa fragmentación no era solo europea, y la respuesta tampoco lo fue. En **2007** se constituyó **JARUS** (*Joint Authorities for Rulemaking on Unmanned Systems*), un grupo de trabajo que hoy reúne a expertos de autoridades aeronáuticas de más de sesenta países —entre ellas la EASA, la FAA estadounidense, Transport Canada o la CAAC china— junto a organizaciones regionales de seguridad aérea. Su objetivo es recomendar un conjunto único de requisitos técnicos, operativos y de seguridad para los UAS, evitando que cada autoridad rehaga el mismo trabajo por su cuenta.

JARUS no es una autoridad reguladora

JARUS es un foro colaborativo, no un regulador. Sus documentos no obligan a nadie: son material de orientación que cada autoridad puede adoptar, adaptar o ignorar. Su influencia real proviene de que EASA, la FAA y otras autoridades los han tomado como base para sus propias normas.

1.2.2 La Metodología SORA y la Categorización de Operaciones

Una de las aportaciones más influyentes de JARUS fue la metodología **SORA** (*Specific Operations Risk Assessment*), que permite evaluar de forma estructurada el riesgo de una operación concreta. Su valor está en el cambio de enfoque: en lugar de regular por peso o por tipo de aparato, se regula por el riesgo que la operación genera en tierra y en el aire.

Conviene precisar la relación entre SORA y las categorías, porque suele contarse al revés. Las **tres categorías** son un diseño del legislador europeo, recogido en el Reglamento de Ejecución (UE) 2019/947; SORA no las creó. Lo que SORA aportó fue el enfoque basado en riesgo que hizo posible articularlas, y hoy es la herramienta de evaluación que se emplea *dentro* de la categoría Específica:

- **Categoría Abierta** — Operaciones de bajo riesgo con requisitos mínimos.
- **Categoría Específica** — Operaciones de riesgo moderado que requieren autorización.
- **Categoría Certificada** — Operaciones de alto riesgo que requieren certificación completa.

1.2.3 Evolución Regulatoria: 2016-2026

2016: La EASA publica los primeros borradores de regulación de UAS, apoyados en el trabajo de JARUS.

2018: Entra en vigor el **Reglamento (UE) 2018/1139**, el reglamento de base de la seguridad aérea europea. Es la norma que habilita a la Comisión a legislar sobre drones, y de la que cuelgan los dos reglamentos siguientes.

2019: Se publican las dos normas que sostienen todo el marco. Su naturaleza jurídica no es la misma, y merece la pena retenerla:

- **Reglamento Delegado (UE) 2019/945** — Requisitos de *producto*: diseño y fabricación de las aeronaves y sus sistemas.
- **Reglamento de Ejecución (UE) 2019/947** — Reglas de *operación* y competencias exigibles al personal.

Ambos **entraron en vigor** en julio de 2019, pero su **fecha de aplicación** —que es la que importa al operador— se fijó primero para el 1 de julio de 2020 y se aplazó después al **31 de diciembre de 2020** mediante el Reglamento de Ejecución (UE) 2020/746, a causa de la pandemia de COVID-19.

2020-2024: Los Estados miembros aprueban sus normas nacionales de desarrollo, y se prorroga el período transitorio de los drones sin marcado de clase hasta el **1 de enero de 2024**. En España, el **Real Decreto 517/2024, de 4 de junio**, desarrolla el régimen jurídico de la utilización civil de los UAS.

2024-2026: Consolidación del marco, publicación de material guía por EASA y las autoridades nacionales, y despliegue progresivo de los reglamentos de U-space.

Un reglamento europeo no se transpone

Es un error frecuente hablar de «transposición» a propósito de los Reglamentos 2019/945 y 2019/947. La transposición es propia de las **directivas**. Un **reglamento** de la Unión es **directamente aplicable** en todos los Estados miembros desde su fecha de aplicación, sin necesidad de norma nacional que lo incorpore.

Lo que sí hacen las normas nacionales —como el Real Decreto 517/2024— es *desarrollar* aquello que el reglamento europeo deja en manos de cada Estado: designar la autoridad competente, definir zonas geográficas, fijar tasas y establecer el régimen sancionador.

► Cambios regulatorios recientes

La regulación de drones en Europa sigue evolucionando. Las autoridades publican regularmente nuevas guías, decisiones especiales y enmiendas. Consulta siempre la fuente oficial más reciente (EASA, AESA) antes de cualquier operación crítica.

1.3 Los Reglamentos Europeos

1.3.1 Reglamento Delegado (UE) 2019/945 — Requisitos Técnicos

Este reglamento establece **requisitos técnicos de diseño y fabricación** para:

- **Aeronaves no tripuladas** (drones) — sistemas aéreos.
- **Estaciones remotas** (controles) — sistemas de tierra.
- **Equipos de comunicación** — enlaces de datos.

El reglamento define **siete clases** de drones con marcado de clase, de C0 a C6. La clase no es una etiqueta decorativa: determina en qué subcategoría de la categoría Abierta puede volar el aparato, o si está concebido para un escenario estándar de la categoría Específica.

- **C0** — MTOM inferior a 250 g. Opera en subcategoría **A1**.
- **C1** — MTOM inferior a 900 g (o energía transmitida en impacto inferior a 80 J). Opera en subcategoría **A1**.
- **C2** — MTOM inferior a 4 kg. Opera en subcategoría **A2**.
- **C3** — MTOM inferior a 25 kg. Opera en subcategoría **A3**.
- **C4** — MTOM inferior a 25 kg, sin modos de control automático. Pensada para aeromodelismo. Opera en subcategoría **A3**.
- **C5** — MTOM inferior a 25 kg. Destinada al escenario estándar **STS-01** (categoría Específica).
- **C6** — MTOM inferior a 25 kg. Destinada al escenario estándar **STS-02** (categoría Específica).

Una clase baja siempre puede volar «hacia abajo»

Un dron de clase inferior puede operar en las subcategorías más restrictivas. Un C0 o un C1 pueden volar en A2 o en A3, porque cumplen de sobra sus condiciones. Lo contrario no es cierto: un C3 nunca podrá operar en A1.

Clases C5 y C6: la puerta a los escenarios estándar

Las clases C5 y C6 no pertenecen a la categoría Abierta. Se crearon para los **escenarios estándar** de la categoría Específica, definidos en el Apéndice 1 del Anexo del Reglamento de Ejecución (UE) 2019/947:

STS-01 — Operaciones en VLOS sobre una zona controlada en tierra situada en un entorno poblado. Exige dron de clase **C5**.

STS-02 — Operaciones en BVLOS con observadores del espacio aéreo, sobre una zona controlada en tierra situada en un entorno escasamente poblado. Exige dron de clase **C6**.

Marcado CE e identificación a distancia

Los fabricantes de drones de clases C0 a C6 deben colocar el marcado CE junto a la etiqueta de clase, certificando que cumplen los requisitos técnicos del Reglamento Delegado (UE) 2019/945.

Conviene retener una excepción: el **C0 no incorpora sistema de identificación directa a distancia**. Sí lo exigen las clases C1, C2, C3, C5 y C6.

1.3.2 Reglamento de Ejecución (UE) 2019/947 — Operaciones y Certificación

Este reglamento establece **requisitos operativos** para operadores y pilotos:

- **Categoría Abierta** — Riesgo bajo. Sin autorización previa, sujeta a las subcategorías A1, A2 y A3.
- **Categoría Específica** — Riesgo medio. Admite tres vías: declaración bajo un escenario estándar (STS), autorización operacional previa evaluación de riesgos, o certificado LUC.
- **Categoría Certificada** — Riesgo alto. Certificación de la aeronave y del operador, en términos próximos a la aviación tripulada.

SORA, PDRA y LUC: las tres vías de la categoría Específica

SORA (*Specific Operations Risk Assessment*) es la metodología completa de evaluación de riesgos, desarrollada por JARUS y adoptada por EASA.
PDRA (*Predefined Risk Assessment*, evaluación de riesgo predefinida) no es un método alternativo ni rival del SORA: es un **SORA ya resuelto por EASA** para operaciones frecuentes. Si tu operación encaja en un PDRA publicado, te acoges a él y te ahorras el análisis completo; si no encaja, debes realizar el SORA.
LUC (*Light UAS Operator Certificate*) es un certificado que la autoridad concede a operadores con una organización y una gestión de la seguridad maduras, y que puede llegar a facultarles para autorizar sus propias operaciones sin acudir a la autoridad en cada vuelo.

Además, establece los requisitos de **competencia del piloto remoto**:

- **Certificado A1/A3** — Formación en línea y examen teórico ante la autoridad competente. Es la puerta de entrada obligatoria.
- **Certificado A2** — Exige tener el A1/A3, completar una autoformación práctica declarada por el propio piloto y superar un examen teórico adicional.

- **Certificado de piloto para escenarios estándar** — Examen teórico y evaluación de competencias prácticas ante entidad reconocida, necesario para operar bajo STS-01 o STS-02.

▶ Piloto remoto y operador no son lo mismo

El **piloto remoto** es la persona que maneja la aeronave y obtiene estos certificados. El **operador UAS** es la persona física o jurídica responsable de la operación, que debe registrarse ante la autoridad. Una misma persona puede reunir ambos papeles, pero los requisitos son distintos y no se sustituyen entre sí.

El reglamento no se agota en categorías y certificados. Incorpora otras dos piezas con las que el operador se topa desde el primer día:

- **Registro del operador UAS** — Obligatorio salvo contadas excepciones. Genera un número de registro que debe figurar en la aeronave y cargarse en el sistema de identificación a distancia. Se desarrolla en el Capítulo 4.
- **Zonas geográficas UAS** — Previstas en el artículo 15, permiten a cada Estado restringir, condicionar o prohibir el vuelo en lugares determinados. Se desarrollan en el Capítulo 5.

1.3.3 El Paquete U-space: Reglamentos (UE) 2021/664, 665 y 666

En 2021 se incorporó al marco un tercer bloque normativo, orientado a ordenar el tráfico de drones en espacios aéreos de alta densidad:

- **Reglamento de Ejecución (UE) 2021/664** — Marco regulador del U-space y requisitos de sus proveedores de servicios.
- **Reglamento de Ejecución (UE) 2021/665** — Requisitos para los proveedores de servicios de tránsito aéreo en espacio aéreo U-space.
- **Reglamento de Ejecución (UE) 2021/666** — Requisitos para las aeronaves *tripuladas* que operen en espacio aéreo U-space.

Son aplicables desde el 26 de enero de 2023, aunque su despliegue efectivo depende de que cada Estado designe espacios aéreos U-space. El Capítulo 5 los aborda en detalle.

1.4 Marco Regulatorio: EASA vs Estados Nacionales

1.4.1 La Armonización Europea

Los requisitos técnicos y operativos son **comunes** en todo el espacio EASA y rigen directamente, sin necesidad de norma nacional que los incorpore. Lo que corresponde a cada Estado miembro es concretar aquello que el reglamento europeo le reserva expresamente:

- **Designar la autoridad competente** y organizar registros, exámenes y autorizaciones.
- **Definir las zonas geográficas UAS** previstas en el artículo 15 del Reglamento de Ejecución (UE) 2019/947, en las que puede restringir, condicionar o prohibir el vuelo.
- **Establecer tasas y régimen sancionador**.

► «Cada país puede ser más estricto» tiene un límite

Se repite a menudo que los Estados miembros pueden endurecer la normativa a voluntad. La afirmación necesita matiz: un Estado **no puede** alterar los requisitos técnicos de las clases C0 a C6 ni las condiciones de las subcategorías A1, A2 y A3, que son comunes. Su margen real está en las **zonas geográficas UAS**, donde sí puede imponer restricciones adicionales en lugares concretos —y ahí las diferencias entre países son considerables.

Ejemplos de normas nacionales de desarrollo:

- **España** — Real Decreto 517/2024, de 4 de junio, con AESA como autoridad competente.
- **Alemania** — *Luftverkehrs-Ordnung*, con el LBA como autoridad competente.
- **Francia** — Normativa nacional de desarrollo, con la DGAC como autoridad competente.

Operaciones transfronterizas

Una de las ventajas de la armonización EASA es que puedes operar en múltiples países con la misma certificación y documentación. Sin embargo, siempre respeta las restricciones locales adicionales que cada país establezca.

1.4.2 Autoridades Aeronáuticas Nacionales

Cada estado miembro designa una **autoridad aeronáutica nacional** responsable de implementar y fiscalizar la regulación EASA:

- **España:** AESA (Agencia Estatal de Seguridad Aérea).
- **Francia:** DGAC (Direction Générale de l'Aviation Civile).
- **Alemania:** LBA (Luftfahrt-Bundesamt).
- **Italia:** ENAC (Ente Nazionale per l'Aviazione Civile).
- **Portugal:** ANAC (Autoridade Nacional da Aviação Civil).

Estas autoridades son responsables de:

- Emitir los certificados de piloto remoto (A1/A3, A2 y los de escenarios estándar).
- Tramitar las declaraciones bajo STS y las autorizaciones operacionales de categoría Específica.
- Emitir los certificados LUC.
- Mantener el registro de operadores UAS.
- Definir y publicar las zonas geográficas UAS.
- Supervisar el cumplimiento normativo y ejercer la potestad sancionadora.

1.5 Ámbito de Aplicación

1.5.1 ¿A quién aplica esta regulación?

El marco regulatorio EASA se aplica a:

- **Operadores UAS** — Personas u organizaciones que operan drones.
- **Pilotos remotos** — Personas que controlan drones.
- **Personal de apoyo** — Observadores, técnicos, etc.
- **Fabricantes** — De drones y sistemas de control.
- **Proveedores de servicios** — Servicios U-space, telecomunicaciones, etc.

1.5.2 ¿En dónde se aplica?

El ámbito geográfico es más amplio que la propia Unión Europea, porque coincide con el de los Estados miembros de la EASA:

- **Los 27 Estados miembros de la Unión Europea** — Malta y Chipre incluidos, como miembros de pleno derecho.
- **Los Estados del Espacio Económico Europeo** — Noruega, Islandia y Liechtenstein.
- **Suiza** — Estado miembro de la EASA en virtud de acuerdo bilateral.
- **Regiones ultraperiféricas de la UE** — Canarias, Azores, Madeira, Guadalupe, Martinica, Guayana Francesa, Reunión y Mayotte.

Nota sobre terceros países y territorios de ultramar

Si operas en un país que no es Estado miembro de la EASA, se aplica su regulación nacional, no la europea. Ten en cuenta además que los **países y territorios de ultramar** asociados a Estados miembros no siguen automáticamente el régimen de la UE: su situación debe comprobarse caso por caso ante la autoridad correspondiente.

1.5.3 ¿A qué drones aplica?

El criterio de partida es amplio: la regulación alcanza a toda aeronave no tripulada, con independencia de su masa y de la finalidad del vuelo.

- **Drones de cualquier masa** — Desde los más ligeros hasta los que superan los 25 kg.
- **Cualquier finalidad** — Recreativa, deportiva, profesional o de investigación.

Las exclusiones reales no dependen del tamaño del dron, sino del tipo de actividad. Proceden del artículo 2.3 del Reglamento (UE) 2018/1139, el reglamento de base:

- Operaciones **militares, de aduanas y de policía**.
- **Búsqueda y salvamento** y **lucha contra incendios**.
- **Control de fronteras** y **guardacostas**.

A ello se añaden dos supuestos particulares:

- **Vuelo en interiores** — Queda fuera del ámbito del reglamento.
- **Aeromodelismo en clubes y asociaciones** — Dispone de un régimen propio en el artículo 16 del Reglamento de Ejecución (UE) 2019/947.

▶ Un dron vendido como juguete no está exento

Circula la idea de que los drones comercializados como juguete quedan fuera de la normativa aeronáutica. No es así. La Directiva 2009/48/CE regula la seguridad del *producto*, pero la *operación* sigue sujeta al Reglamento de Ejecución (UE) 2019/947 como cualquier otro vuelo.

1.6 Casos Prácticos: Aplicación de la Regulación

1.6.1 Caso 1: Operador de servicios fotogramétricos

Escenario: Tu empresa quiere fotografiar una obra en construcción con un dron de **clase C2** (2,5 kg) para generar un modelo 3D. El vuelo se hace a unos 100 m de altura, en una zona con viviendas dispersas y con operarios ajenos a la operación trabajando en las inmediaciones.

Regulación aplicable:

- **Dron de clase C2** — Opera en subcategoría A2 y exige que el piloto tenga el **certificado A2**.
- **Altura de 100 m** — Dentro del límite de 120 m sobre el punto más próximo de la superficie terrestre.
- **Personas ajenas** — Distancia horizontal mínima de **30 m**, reducible a **5 m** si activas el modo de baja velocidad.
- **Alcance visual** — La operación debe mantenerse en VLOS. En cuanto necesites BVLOS abandonas la categoría Abierta y pasas a la Específica.

► **Error frecuente: confundir C1 con A2**

Un dron de clase **C1** no exige certificado A2: vuela en subcategoría **A1** y basta con el A1/A3. El certificado A2 se necesita a partir de la clase **C2**. Confundir ambas cosas lleva a pagar formación innecesaria, o —más grave— a volar un C2 con acreditación insuficiente.

Requisitos:

- Certificado A2 del piloto remoto, con el A1/A3 obtenido previamente.
- Registro del **operador UAS** ante la autoridad competente.
- Número de registro del operador visible en la aeronave y cargado en el sistema de identificación a distancia.
- Seguro de responsabilidad civil, en los términos que exija la normativa nacional aplicable.

1.6.2 Caso 2: Inspección de línea de alta tensión

Escenario: Una compañía eléctrica necesita inspeccionar una línea de transmisión de 100km. La línea pasa sobre zonas urbanas, rurales y montañosas.

Regulación aplicable:

- **Vuelo BVLOS** — Imprescindible en un trazado de 100 km, y por sí solo ya excluye la categoría Abierta.
- **Sobrevuelo de zonas pobladas** — El paso por entornos urbanos eleva el riesgo en tierra y refuerza la necesidad de categoría Específica.
- **Posible operación nocturna** — Admisible, pero condicionada a los medios y procedimientos que recoja la autorización.

Requisitos:

- Autorización operacional previa de la autoridad nacional (AESA, DGAC, LBA, etc.).
- Evaluación de riesgos: **SORA** completo o, si la operación encaja en alguno publicado, el **PDRA** correspondiente.
- Coordinación con el gestor de la infraestructura y con el proveedor de servicios de tránsito aéreo.
- Manual de operaciones y plan detallado de la misión.
- Seguro de responsabilidad civil acorde al alcance de la operación.

Por qué este caso no encaja en un escenario estándar

Podría pensarse en el STS-02, que sí permite BVLOS. Pero el STS-02 exige una **zona controlada en tierra** en **entorno escasamente poblado**, y una línea de 100 km que atraviesa zonas urbanas no cumple ninguna de las dos condiciones. De ahí que haya que ir a autorización operacional.

1.7 Preguntas Frecuentes y Errores Comunes

1.7.1 ¿Mi dron de 249 g está libre de regulación?

Respuesta: No, aunque sí disfruta del régimen más laxo. Vuela en subcategoría A1 y, si es de clase C0, **no necesita sistema de identificación directa a distancia**. Pero sigue plenamente regulado: debes respetar las zonas geográficas UAS, el límite de 120 m y la prohibición de sobrevolar aglomeraciones de personas.

Hay además una obligación que sorprende a muchos: **debes registrarte como operador UAS** si el dron incorpora cámara o cualquier sensor capaz de captar datos personales, con independencia de que pese menos de 250 g. Como prácticamente todos los drones de este tamaño llevan cámara, la exención acaba siendo teórica.

1.7.2 ¿Puedo seguir operando un dron sin marcado de clase?

Respuesta: Sí, pero con el margen recortado. Los drones sin etiqueta de clase —los llamados *legacy*— comercializados antes del **1 de enero de 2024** pueden seguir volando en la categoría Abierta, aunque limitados a dos supuestos: subcategoría **A1** si su masa es inferior a 250 g, y subcategoría **A3** si es inferior a 25 kg. **No pueden acceder a A2**, por muy avanzado que sea el aparato o muy cualificado que esté el piloto.

Conviene deshacer una confusión habitual: el criterio no es la fecha en que tú compraste el dron, sino que el modelo se comercializara sin marcado de clase antes de esa fecha.

1.7.3 ¿La EASA regula las operaciones recreativas?

Respuesta: Sí. La regulación europea no distingue entre aficionados y profesionales. Lo que determina las obligaciones es el **riesgo de la operación** y las características del dron, no el propósito del vuelo ni si se cobra por él.

1.7.4 Error común: la validez internacional del certificado

Mito: "Con mi certificado A1/A3 puedo volar en cualquier país".

Corrección: Tu certificado A1/A3 emitido en España es válido en todos los Estados miembros de la EASA, lo que incluye los 27 de la UE más Noruega, Islandia, Liechtenstein y Suiza. Fuera de ese ámbito no sirve. Y aun dentro, cada Estado define sus propias **zonas geográficas UAS** con restricciones adicionales, así que el certificado te habilita como piloto pero no te exime de comprobar dónde puedes volar.

1.8 Resumen

- La regulación europea de drones nace de la necesidad de armonizar reglas nacionales fragmentadas, con JARUS —foro mundial creado en 2007— aportando la base técnica común.
- El marco se apoya en tres normas: el Reglamento (UE) 2018/1139 como reglamento de base, el **Reglamento Delegado (UE) 2019/945** para el producto y el **Reglamento de Ejecución (UE) 2019/947** para la operación.
- Ambos son **directamente aplicables** desde el 31 de diciembre de 2020. No se transponen: las normas nacionales sólo desarrollan lo que el reglamento reserva a cada Estado.
- Existen **siete clases** de marcado, de C0 a C6. C0 a C4 corresponden a la categoría Abierta; **C5 y C6** se crearon para los escenarios estándar STS-01 y STS-02 de la categoría Específica.
- Hay tres categorías de operación: **Abierta** (sin autorización), **Específica** (declaración STS, autorización con SORA o PDRA, o LUC) y **Certificada** (certificación plena).
- Un **PDRA** no es una alternativa al SORA, sino un SORA ya resuelto por EASA para operaciones frecuentes.
- El marco rige en los Estados miembros de la EASA: los 27 de la UE más Noruega, Islandia, Liechtenstein y Suiza.
- Las exclusiones no dependen del tamaño del dron sino de la actividad: militar, aduanas, policía, búsqueda y salvamento, incendios, fronteras y guardacostas.
- El certificado habilita al piloto en todo el espacio EASA, pero cada Estado define sus **zonas geográficas UAS**: hay que conocer el marco europeo y el local.

1.9 Referencias Normativas

Normativa Oficial

- **Reglamentos (UE) 2019/945 y 2019/947** — Requisitos técnicos y operativos.
  https://www.easa.europa.eu/en/regulations/
  ↪ unmanned-aircraft-systems-uas
- **Real Decreto 517/2024** (España) — Operaciones con UAS.
  https://www.boe.es/buscar/act.php?id=/
  ↪ BOE-A-2024-11377

1.9.1 Autoridades Competentes

España: AESA
https://www.seguridadaerea.gob.es/

Francia: DGAC
https://www.dgac.gouv.fr/

Alemania: LBA
https://www.lba.de/

Italia: ENAC
https://www.enac.gov.it/

Portugal: ANAC
https://www.anac.pt/

Capítulo 2

Categorías de Operación

2.1 Introducción

La normativa EASA (UE) 2019/947 establece un marco regulatorio innovador basado en **categorías de operación** en lugar de en tipos de aeronaves. Este enfoque revolucionario permite a los operadores selectar la categoría más adecuada a su perfil de riesgo, diferenciando entre tres grandes bloques: *Open*, *Specific* y *Certified*.

La categorización responde a una pregunta fundamental: *¿Cuáles son los riesgos operativos?* Las respuestas determinan los requisitos regulatorios, formativos, documentales y administrativos que cada operador debe cumplir.

Objetivo del Capítulo

Comprender la estructura de categorías, los umbrales de riesgo, las subcategorías y clases de aeronaves, permitiendo seleccionar la categoría operacional correcta para cada tipo de actividad con drones.

2.2 Categoría Open

La categoría *Open* agrupa operaciones de bajo riesgo realizadas típicamente por operadores con competencia limitada y sin necesidad de autorización previa. Es la categoría más accesible y representa la mayoría de operaciones civiles con drones pequeños.

▶ Límites comunes a toda la categoría Open

Con independencia de la subcategoría, toda operación Open debe realizarse:

- En **VLOS**, es decir, manteniendo contacto visual directo con la aeronave sin ayudas ópticas.
- A una **altura máxima de 120 metros** sobre el punto más próximo de la superficie terrestre.
- Con un dron de **masa máxima inferior a 25 kg**.
- **Sin sobrevolar aglomeraciones de personas** en ningún caso.
- Sin transportar mercancías peligrosas ni liberar carga alguna en vuelo.

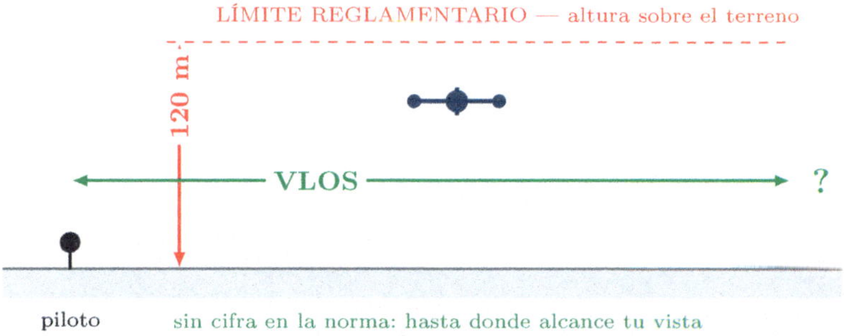

Figura 2.1
Los 120 metros limitan la altura, no la distancia al piloto

El límite horizontal no es una cifra

Conviene deshacer una confusión muy extendida: los **120 metros son altura**, no distancia respecto al piloto. La normativa **no fija una distancia horizontal máxima** en metros. El límite real es el **VLOS**: puedes alejarte cuanto tu vista alcance para distinguir la aeronave y su trayectoria. En la práctica eso son 100–300 m con un dron pequeño y bastante más con uno grande, pero no hay cifra reglamentaria.

2.2.1 Subcategoría A1: Vuelo cerca de personas

La subcategoría A1 es la de menor riesgo y la que permite operar más cerca de personas ajenas a la operación. Admite drones de **clase C0** y **clase C1**, y el trato que reciben no es el mismo.

Aeronaves admitidas y competencia exigida:

- **Clase C0** (MTOM inferior a 250 g) — Basta con que el piloto conozca el manual del fabricante. No se exige certificado de competencia.
- **Clase C1** (MTOM inferior a 900 g) — El piloto necesita el **certificado A1/A3**, obtenido mediante formación en línea y examen.

Condiciones operativas:

- Altura máxima: 120 metros sobre el punto más próximo del terreno.
- Velocidad máxima de diseño: 19 m/s.
- Operación en VLOS.
- **C0**: puede sobrevolar personas ajenas a la operación.
- **C1**: no debe sobrevolarlas; si ocurre de forma imprevista, hay que reducir el tiempo de sobrevuelo al mínimo.
- Ni C0 ni C1 pueden sobrevolar **aglomeraciones de personas**.

Por qué los drones de menos de 250 g son tan populares

Un dron de clase C0 —la gama DJI Mini es el ejemplo más conocido— permite operar en A1 sin certificado de competencia y es el único que puede sobrevolar personas ajenas. Eso no lo deja fuera de la norma: siguen aplicando el límite de 120 m, el VLOS, la prohibición de sobrevolar aglomeraciones y las zonas geográficas UAS. Y si lleva cámara, el operador debe registrarse.

2.2.2 Subcategoría A2: Vuelo próximo a personas con dron medio

La subcategoría A2 permite emplear un dron notablemente más pesado que en A1 manteniendo una distancia de seguridad respecto a las personas ajenas a la operación. A cambio, exige una acreditación adicional del piloto.

Requisitos principales:

- Aeronave de **clase C2** — MTOM inferior a **4 kg**.
- Piloto con **certificado A2**, que a su vez exige tener antes el A1/A3.
- Altura máxima: 120 metros sobre el punto más próximo del terreno.
- Operación en VLOS.
- Distancia horizontal mínima a personas ajenas: **30 metros**.
- Esa distancia puede reducirse a **5 metros** si el dron dispone de **modo de baja velocidad** y está activado.
- Prohibido sobrevolar aglomeraciones de personas.

Cómo se obtiene realmente el certificado A2

El A2 no requiere formación presencial ni examen práctico con instructor. El recorrido es: tener el A1/A3, estudiar por tu cuenta el material oficial, superar un **examen teórico en línea** ante la autoridad competente y completar una **autoformación práctica** que declaras bajo tu responsabilidad. En España, el examen se realiza en la sede electrónica de AESA y no tiene coste.

▶ El modo de baja velocidad no es opcional para acercarse a 5 metros

La reducción de 30 a 5 metros sólo es legítima con el modo de baja velocidad **activo**. Acercarse a 5 metros sin él es una infracción, aunque el dron sea de clase C2 y el piloto tenga el A2.

2.2.3 Subcategoría A3: Vuelo fuera de aglomeraciones

La subcategoría A3 es la opción para operadores que requieren máxima flexibilidad dentro de la categoría Open.

Requisitos principales:

- Piloto con **certificado A1/A3** (formación en línea y examen).
- Aeronaves de **clase C3 y C4**, con MTOM inferior a 25 kg. También pueden volar aquí las clases inferiores.
- Altura máxima: 120 metros sobre el punto más próximo del terreno.
- Operación en VLOS.
- Distancia horizontal mínima de **150 metros** respecto a zonas **residenciales, comerciales, industriales o recreativas**.
- La operación debe realizarse donde el piloto pueda esperar razonablemente que no haya personas ajenas en el radio de vuelo.

▶ Los 150 metros no se miden a «aglomeraciones»

Es un matiz que se confunde a menudo. Los 150 metros de A3 se miden respecto a **zonas** residenciales, comerciales, industriales o recreativas —es decir, respecto al suelo urbanizado—, no respecto a concentraciones de personas. Un polígono industrial vacío un domingo sigue obligando a mantener los 150 metros.

Operaciones Profesionales Simples

La subcategoría A3 es ideal para fotogrametría en zonas rurales, agricultura de precisión en cultivos aislados o inspección de infraestructuras en áreas no urbanizadas.

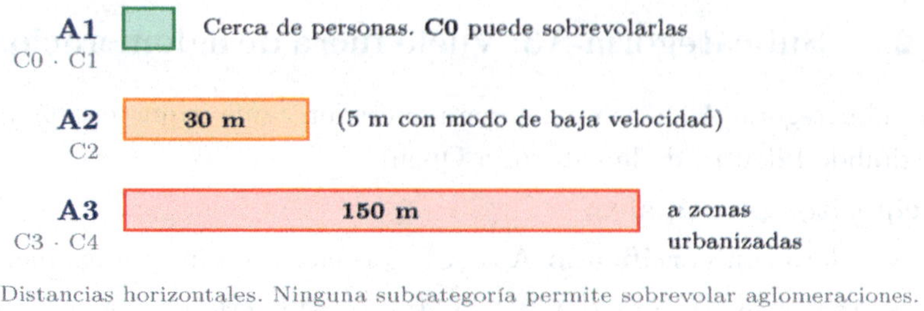

Figura 2.2
Separación exigida en cada subcategoría de la categoría Abierta

2.3 Categoría Specific

La categoría *Specific* intermedia operaciones que no cumplen criterios Open pero tampoco requieren certificación de tipo completa. Requiere autorización previa de la autoridad nacional competente (por ejemplo, AESA en España).

Características generales:

- Requiere solicitud de autorización y aprobación de la autoridad.
- Operador debe demostrar competencia técnica y gestión de riesgos.
- Análisis de riesgos (Risk Assessment) documental obligatorio.
- Procedimientos operativos detallados (Operating Procedures).
- Formación específica del personal de vuelo.
- Seguro de responsabilidad civil obligatorio.

► No siempre hay que hacer un SORA completo

Decir que la categoría Specific «requiere SORA» es quedarse corto. Existen **tres vías** y sólo una obliga a redactar el análisis completo. Elegir la equivocada supone semanas de trabajo innecesario.

Las tres vías de la categoría Specific:

1. **Declaración bajo escenario estándar (STS)** — Si tu operación encaja exactamente en el STS-01 o el STS-02, basta con presentar una declaración ante la autoridad. No hay que esperar autorización ni redactar un SORA.
2. **Autorización operacional** — Si no encaja en un STS, solicitas autorización. Aquí puedes acogerte a un **PDRA** (*Predefined Risk Assessment*), que es un SORA ya resuelto por EASA para operaciones frecuentes, o realizar el **SORA** completo si tampoco encaja en ningún PDRA.
3. **LUC** (*Light UAS Operator Certificate*) — Certificado voluntario para operadores con una organización madura, que según su alcance permite autorizar las propias operaciones sin acudir a la autoridad en cada vuelo.

Operaciones típicas Specific:

- BVLOS (*Beyond Visual Line of Sight*) — Vuelo fuera del alcance visual del piloto.
- Operaciones sobre aglomeraciones de personas.
- Vuelo con drones de MTOM igual o superior a 25 kg.
- Operaciones que rebasan los 120 metros de altura.
- Transporte de mercancías peligrosas.
- Liberación de carga en vuelo.

Vuelo nocturno: no es motivo para salir de Open

El vuelo nocturno aparece con frecuencia en listas de operaciones «de categoría Specific». No lo es. En la categoría **Open** está **permitido volar de noche** siempre que la aeronave lleve encendida una **luz verde intermitente** que permita identificarla. Lo que empuja a Specific son el BVLOS, el sobrevuelo de aglomeraciones o la masa, no la hora del día.

2.4 Categoría Certified

La categoría *Certified* aplica a operaciones de máximo riesgo, donde la aeronave debe ser certificada tipo y el operador debe demostrar una organización profesional similar a la aviación tripulada.

Características:

- Certificado de tipo obligatorio (TC — Type Certificate).
- Certificado de aeronavegabilidad (C of A — Certificate of Airworthiness).
- Certificado de explotador (AOC — Air Operator Certificate).
- Requisitos equivalentes a la aviación tripulada (en escala adaptada).
- Inspecciones técnicas periódicas.
- Mantenimiento por organizaciones certificadas.
- Tripulación certificada (pilotos + operadores).
- Seguro de responsabilidad civil extenso.

▶ **Complejidad Regulatoria**

La categoría Certified implica inversión significativa en certificación, siendo adecuada solo para operadores profesionales con operaciones de alto volumen o riesgo especial.

Operaciones típicas Certified:

- Operaciones comerciales de larga duración (flota operativa).
- Transporte de pasajeros o cargas críticas.
- Aeronaves de gran tamaño, cuyo fallo comprometería la seguridad de terceros.
- Operaciones urbanas aéreas (Urban Air Mobility, UAM).
- Operaciones de defensa o seguridad pública.

2.5 Clases de Aeronaves: C0–C6

El Reglamento Delegado (UE) 2019/945 define **siete clases** de drones —de C0 a C6— en función de la masa máxima de despegue (MTOM), la compatibilidad electromagnética, los estándares de diseño y los requisitos de identificación.

2.5.1 Sistema de Clasificación

La clase determina **dónde puede volar** la aeronave. Las clases C0 a C4 corresponden a la categoría Open y cada una habilita una subcategoría; las clases C5 y C6 se crearon para los escenarios estándar de la categoría Specific.

▶ Todas las clases pesan menos de 25 kg

Es un error frecuente suponer que la numeración de las clases sigue una escala de masa creciente y que C5 o C6 son drones enormes. No es así: **ninguna clase con marcado supera los 25 kg de MTOM**. Lo que distingue a C5 y C6 no es el tamaño, sino que están concebidas para los escenarios estándar STS-01 y STS-02.

Clase	MTOM	Destino	Rasgo distintivo
C0	< 250 g	Open A1	Puede sobrevolar personas ajenas. Sin identificación a distancia
C1	< 900 g	Open A1	No debe sobrevolar personas ajenas. Con identificación a distancia
C2	< 4 kg	Open A2	30 m de personas ajenas, o 5 m con modo de baja velocidad
C3	< 25 kg	Open A3	150 m de zonas residenciales, comerciales, industriales o recreativas
C4	< 25 kg	Open A3	Sin modos de control automático. Pensada para aeromodelismo
C5	< 25 kg	Specific STS-01	Operaciones VLOS sobre zona controlada en entorno poblado
C6	< 25 kg	Specific STS-02	Operaciones BVLOS con observadores, entorno escasamente poblado

Cuadro 2.1

Clases de aeronave C0 a C6: masa, categoría de destino y rasgo distintivo. Las siete clases están por debajo de 25 kg.

2.5.2 Cómo Reconocer la Etiqueta de Clase en tu Aeronave

Toda la tabla anterior descansa sobre un objeto muy pequeño y muy fácil de pasar por alto: la **etiqueta de clase** que el fabricante imprime sobre el fuselaje. Es lo que determina en qué subcategoría puedes volar, y conviene saber localizarla y leerla.

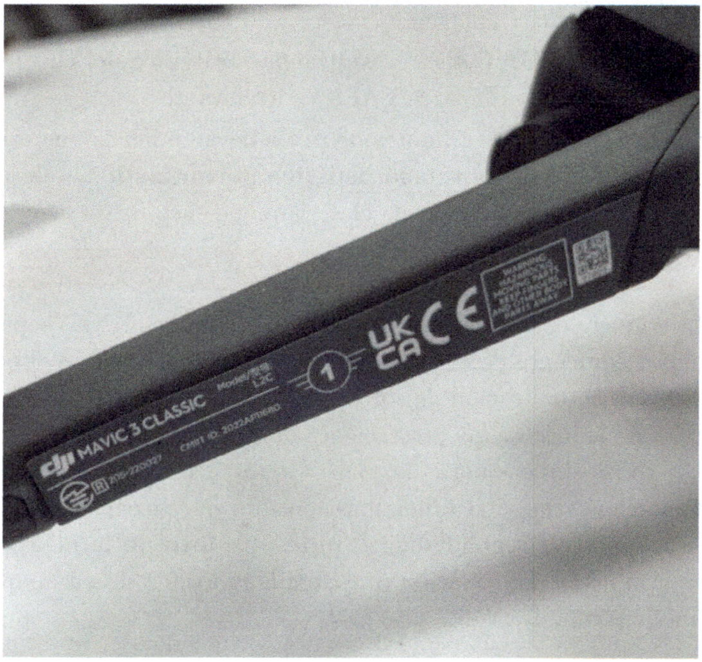

Figura 2.3
Etiqueta de clase sobre el brazo de un multirrotor. El pictograma es el número de clase dentro de un círculo, flanqueado por trazos horizontales.

El pictograma es inconfundible una vez sabes qué buscar: **el número de la clase dentro de un círculo**, con trazos horizontales a ambos lados. Suele ir grabado en un brazo, en la panza o junto al alojamiento de la batería, en un tamaño de pocos milímetros.

A su alrededor aparecen otras marcas que **no** son la etiqueta de clase y que conviene no confundir:

- El **marcado CE** acredita la conformidad con la legislación europea de producto, pero por sí solo **no** dice a qué clase pertenece la aeronave. Un dron puede llevar CE y no tener clase.
- El **nombre comercial del modelo** no es una clase. Que un aparato se llame de una forma u otra no habilita ninguna subcategoría.
- El marcado **UKCA** es el equivalente británico del CE. En una operación bajo el marco EASA es irrelevante.
- Las clases sujetas a límites de ruido llevan además una etiqueta con el **nivel de potencia acústica garantizado**, en decibelios. Tampoco es la etiqueta de clase, aunque suela ir cerca.

► Si no encuentras la etiqueta, no la tienes

La etiqueta de clase es **física** y la coloca el fabricante tras superar el procedimiento de evaluación de la conformidad. No se obtiene con una actualización de software, no se solicita a la autoridad y no se deduce de las prestaciones del aparato.
Un dron sin etiqueta de clase es un dron *legacy*, con las limitaciones que se detallan más adelante en este capítulo. Antes de comprar de segunda mano, **pide una foto de la etiqueta**: es la única comprobación que distingue un C2 de un aparato que jamás podrá volar en A2.

Una clase baja puede volar «hacia abajo»

Un dron de clase inferior siempre puede operar en las subcategorías más restrictivas. Un C1 puede volar en A3 porque cumple de sobra sus condiciones; sin embargo, **no puede volar en A2**, que requiere específicamente clase C2. Lo contrario nunca es cierto: un C3 no podrá operar jamás en A1.

2.5.3 Clase C0: Drones Ultraligeros

MTOM inferior a 250 g. Es la clase con menos exigencias técnicas, pero no está exenta de ellas:

- Velocidad máxima en vuelo horizontal limitada a 19 m/s.
- Altura de vuelo limitable a 120 metros sobre el punto de despegue.
- Marcado CE y declaración UE de conformidad.
- **No** incorpora sistema de identificación directa a distancia.

El C0 sí lleva marcado CE

Circula la idea de que un dron de menos de 250 g queda al margen de la conformidad europea. No es cierto: el C0 debe llevar **marcado CE, etiqueta de clase y declaración de conformidad** como cualquier otra clase. Lo único de lo que se libra es de la identificación directa a distancia.

2.5.4 Clase C1: Drones Ligeros

MTOM inferior a 900 g, o bien diseño tal que la energía transmitida al impactar contra una persona no supere los 80 julios. Requisitos:

- Identificación directa a distancia.
- Sistema de geoconciencia (*geo-awareness*).
- Velocidad máxima en vuelo horizontal de 19 m/s.
- Aviso al piloto de batería baja y luces para la visibilidad.
- Marcado CE, etiqueta de clase y declaración de conformidad.

2.5.5 Clase C2: Drones Medios

MTOM inferior a 4 kg. Es la clase que habilita la subcategoría A2. Añade sobre la C1:

- **Modo de baja velocidad** seleccionable, que limita la velocidad a 3 m/s y permite acercarse a 5 metros de personas ajenas.
- Enlace de datos protegido frente a accesos no autorizados.
- Aviso al piloto en caso de pérdida de enlace y comportamiento previsible ante ella.

2.5.6 Clase C3: Drones Grandes

MTOM inferior a 25 kg y dimensión máxima inferior a 3 metros. Destinada a la subcategoría A3:

- Identificación directa a distancia y geoconciencia.
- Enlace de datos protegido.
- Aviso de batería baja y de pérdida de enlace.

2.5.7 Clase C4: Aeromodelismo

MTOM inferior a 25 kg. Es una clase singular, porque se define por lo que **no** tiene:

- **Sin modos de control automático**, salvo los de estabilización en vuelo o de retorno asistido.
- Control exclusivamente manual por parte del piloto.
- No se le exige identificación directa a distancia ni geoconciencia.

Por qué existe la clase C4

La C4 se creó para el aeromodelismo tradicional, donde el pilotaje manual es parte de la actividad. Opera en la subcategoría A3, con la misma distancia de 150 metros a zonas urbanizadas que la C3.
Pero el aeromodelismo dispone además de una vía propia, ajena al sistema de categorías, que se explica más adelante en este capítulo.

2.5.8 Clases C5 y C6: Los Escenarios Estándar

Ambas tienen MTOM inferior a 25 kg y **no pertenecen a la categoría Open**. Se crearon específicamente para los escenarios estándar de la categoría Specific:

- **C5** — Habilita el **STS-01**: operaciones en VLOS sobre una zona controlada en tierra situada en un entorno poblado. Debe incorporar un medio para terminar el vuelo de forma controlada y un modo de baja velocidad.
- **C6** — Habilita el **STS-02**: operaciones en BVLOS con observadores del espacio aéreo, sobre una zona controlada en tierra en un entorno escasamente poblado. Añade medios de precisión en la navegación y de terminación del vuelo.

Un C3 puede convertirse en C5

El reglamento contempla que un dron de clase C3 alcance la clase C5 mediante un **kit de accesorios** suministrado por el fabricante, en lugar de exigir un aparato distinto desde cero.

2.6 Drones Legacy y Sistemas en Transición

Se conoce como *drones legacy* a los aparatos **sin marcado de clase**, es decir, los comercializados antes de que las clases C0 a C6 fueran exigibles. Son la inmensa mayoría de los drones vendidos en Europa hasta el **1 de enero de 2024**.

2.6.1 Definición y Aplicabilidad

El criterio que determina si un dron es *legacy* suele malinterpretarse. No depende de cuándo lo compraste tú, ni de que solicites autorización alguna: depende de que el **modelo se comercializara sin etiqueta de clase antes del 1 de enero de 2024**.

Estos drones **pueden seguir volando indefinidamente** en la categoría Open, pero sólo en dos supuestos:

MTOM del dron	Subcategoría	Condiciones
Inferior a 250 g	A1	Puede volar cerca de personas. Certificado de piloto no exigible
Inferior a 25 kg	A3	150 m de zonas residenciales, comerciales, industriales o recreativas. Requiere certificado A1/A3

Cuadro 2.2

Subcategorías de la categoría Abierta según la masa de la aeronave y condiciones de separación aplicables.

▶ Un dron legacy nunca podrá volar en A2

Ésta es la limitación que más afecta en la práctica. Por avanzado que sea el aparato y por cualificado que esté el piloto, **sin etiqueta de clase C2 no hay acceso a la subcategoría A2**. Un dron legacy de 900 g queda relegado a A3, con sus 150 metros de distancia a zonas urbanizadas, mientras que un C1 equivalente vuela en A1.

2.6.2 Qué hacer con un dron sin marcado de clase

No existe ningún procedimiento para «convertir» un dron legacy ni para solicitar su continuidad: el régimen se aplica automáticamente. Las opciones reales son tres:

1. **Seguir operándolo** dentro de A1 o A3 según su masa, que es suficiente para la mayoría de trabajos en entorno rural o industrial aislado.
2. **Sustituirlo** por un modelo con marcado de clase si necesitas acceder a A2.
3. **Pasar a la categoría Específica**, donde el marcado de clase no es el criterio determinante, si la operación lo justifica.

2.6.3 ¿Y si Construyo el Dron Yo Mismo?

El régimen anterior se explica pensando en aparatos comprados, pero hay un caso cada vez más frecuente que conviene situar: el del **dron de construcción propia**, ensamblado a partir de componentes por un ingeniero, un centro de investigación o un aficionado avanzado.

La respuesta regulatoria es sencilla y a veces decepcionante: **un dron autoconstruido no tiene marcado de clase**. El marcado CE y la etiqueta C0–C6 los coloca un fabricante que ha superado el procedimiento de evaluación de la conformidad, y eso no es algo que pueda replicarse en un taller.

Qué te aplica con un dron de construcción propia

Al carecer de etiqueta de clase, el aparato queda en el mismo régimen que un *legacy*:

- Puede volar en **A1** si su MTOM es inferior a 250 g.
- Puede volar en **A3** si su MTOM es inferior a 25 kg, con los 150 metros de separación a zonas urbanizadas.
- **Nunca podrá operar en A2**, por sofisticado que sea el resultado.

Y las obligaciones del operador se mantienen íntegras: registro, marcado del número de operador sobre la aeronave, certificado de piloto y respeto de las zonas geográficas UAS.

La autonomía empuja hacia la categoría Específica

Quien construye su propio dron rara vez se conforma con volarlo en manual a la vista. El objetivo suele ser el vuelo autónomo: misiones programadas, navegación por waypoints, seguimiento visual, decisiones a bordo.

Ahí conviene tener presente algo que el capítulo 10 desarrolla: **la autonomía por sí sola no cambia la categoría**, pero casi todo lo que se persigue con ella —volar **BVLOS**, superar los 120 metros, operar sobre entornos poblados— sí saca la operación de la categoría Abierta y la lleva a la Específica, con su evaluación de riesgos y su autorización.

Merece la pena diseñar el proyecto sabiéndolo desde el principio, en lugar de descubrirlo cuando el prototipo ya vuela.

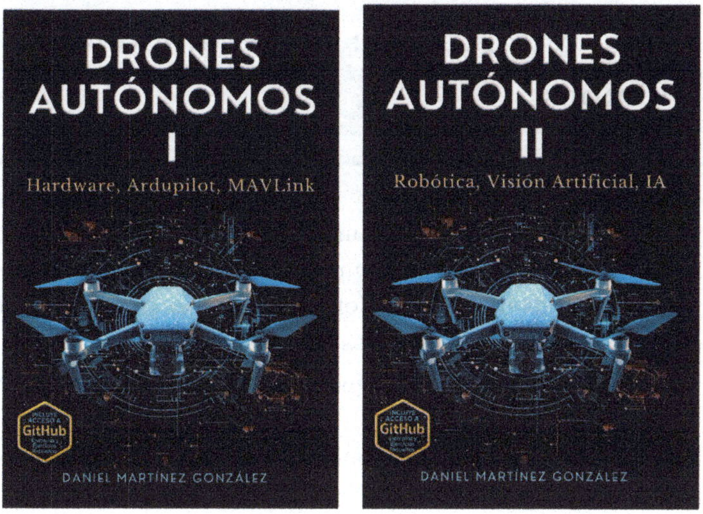

Figura 2.4
Drones Autónomos I y *II*, dedicados a la construcción y programación de aeronaves autónomas

El lado técnico de esta cuestión —selección y ensamblaje de componentes, firmware de vuelo, protocolos de telemetría, robótica y visión artificial embarcada— queda fuera del alcance de un manual normativo. Si es el camino que te interesa, en la colección DroneBooks he publicado ***Drones Autónomos I*** (hardware, Ardupilot y MAVLink) y ***Drones Autónomos II*** (ROS2, visión artificial e IA embarcada).

Información completa

Contenido detallado, índice y dónde adquirirlo en:
`https://dronebooks.eu`

2.7 Una Vía Aparte: el Aeromodelismo en Clubes

Todo lo visto hasta aquí se organiza en torno a las tres categorías. Pero el reglamento reserva un régimen distinto para una actividad que le precede en varias décadas: el **aeromodelismo practicado en el marco de clubes y asociaciones**.

Está en el **artículo 16** del Reglamento de Ejecución (UE) 2019/947, y su lógica es de reconocimiento: el aeromodelismo organizado lleva mucho tiempo volando con sus propias normas internas, sus campos de vuelo y sus historiales de seguridad, y forzarlo al molde de las categorías habría desmontado algo que ya funcionaba.

2.7.1 Cómo Funciona

No es una exención automática por ser aeromodelista. El mecanismo es una **autorización que la autoridad competente concede al club o asociación** que la solicita, no a sus miembros individualmente.

En su solicitud, la asociación debe concretar:

- **De qué requisitos** de la normativa general pide quedar excluida.
- **Cuál es el alcance** de las operaciones que ampara: dónde, con qué aeronaves y en qué condiciones.
- **Por qué es seguro** hacerlo así, justificando cada exclusión solicitada.

La autoridad valora esa justificación apoyándose en lo que la asociación pueda acreditar: su historial de seguridad, sus procedimientos internos y su estructura de formación de nuevos miembros.

Lo que la autorización sí puede modular

Concedida la autorización, las operaciones de los miembros dentro de su marco se rigen por **las condiciones que ésta fije**, y no por los límites generales de las subcategorías A1, A2 y A3. Ahí reside su utilidad: permite mantener prácticas propias del aeromodelismo que no encajarían en el régimen común.

► Lo que la autorización no puede hacer

Dos límites que conviene tener claros:

No exime del registro de operador. La obligación del artículo 14 se mantiene. Lo que sí puede permitir la autoridad es que sea el propio club quien registre a sus miembros en su nombre, simplificando el trámite.

No cruza fronteras. La autorización tiene efecto **limitado al territorio del Estado que la expide**. A diferencia del certificado de piloto, que vale en todo el espacio EASA, volar con un club en otro país significa sujetarse a lo que ese país tenga establecido.

Si vuelas aeromodelismo, pregunta en tu club

La existencia y el alcance de estas autorizaciones dependen de que la asociación las haya solicitado y de lo que su autoridad nacional le haya concedido. No es algo que puedas deducir del reglamento: es información concreta que tiene tu club.

Y si vuelas por libre, sin pertenecer a una asociación autorizada, te aplican las categorías generales como a cualquier otro operador. Los detalles del procedimiento los publica la **autoridad aeronáutica competente** de cada Estado.

2.8 Matriz de Decisión: Selección de Categoría

Para ayudarte a elegir la categoría correcta, aquí hay un árbol de decisión simplificado:

Pregunta Fundamental

Responde a estas preguntas en orden:

1. ¿Necesitas volar BVLOS (fuera de alcance visual)?
2. ¿Necesitas sobrevolar personas (no excluidas)?
3. ¿Necesitas operar en zona urbanizada o aglomeración?
4. ¿Tu dron pesa >25 kg?
5. ¿La operación será regular/comercial a escala profesional?

Si respondiste **SÍ** a cualquiera, probablemente necesites categoría **Specific** o **Certified**.

Si respondiste **NO** a todas, categoría **Open** es suficiente.

2.9 Casos Prácticos

2.9.1 Caso 1: Fotogrametría Rural (Categoría Open, A3)

Escenario: Un ingeniero agrónomo necesita capturar imágenes aéreas de un campo de cultivo para crear un modelo 3D. El campo es rectangular, 500 × 800 metros, completamente aislado en zona rural a 10 km del pueblo más cercano.

Selección:

- **Categoría:** Open, Subcategoría A3.
- **Requisitos:** Certificado A1/A3 (test online), dron $\leq$ 25 kg.
- **Distancia mínima a aglomeraciones:** 150 m (cumple, está a 10 km).
- **VLOS:** Requerido (puede mantener visual).
- **Altitud:** Limitada a 120 m AGL.
- **Autorización previa:** No necesaria.

Optimización

Para maximizar cobertura manteniendo VLOS y altitud 120 m, planifica líneas de vuelo con solapamiento del 80 % y velocidad moderada.

2.9.2 Caso 2: Inspección BVLOS de Línea Eléctrica (Categoría Specific)

Escenario: Una distribuidora de energía necesita inspeccionar 25 km de línea de alta tensión. Requiere BVLOS (vuelo fuera de alcance visual) con dron de seguimiento autónomo.

Selección:

- **Categoría:** Specific
- **Requisito clave:** Autorización previa de AESA (España).
- **Documentación:** Risk Assessment (SORA recomendado).
- **Operador:** Formación especializada en BVLOS.
- **Seguro:** RC obligatorio con cobertura BVLOS.
- **Procedimientos:** Manual de Operaciones detallado.
- **Duración:** Autorización típica 12 meses, renovable.

Documentación SORA

El análisis de riesgos SORA (ver Anexo en el Capítulo 10) debe documentar:

- Identificación de peligros (fallos del sistema, condiciones meteorológicas).
- Probabilidad y severidad de eventos adversos.
- Medidas de mitigación (redundancia, procedimientos, capacitación).
- Evaluación de riesgos residuales.

2.9.3 Caso 3: Rodaje Nocturno en Zona Urbana (Categoría Specific)

Escenario: Una productora audiovisual necesita tomas aéreas nocturnas para un cortometraje en el centro de una ciudad de 500.000 habitantes, con público congregado en la vía durante el rodaje. Dron de clase C2 (2 kg).

Selección:

- **Categoría:** Specific
- **Razones:**
  - **Público congregado** → Constituye aglomeración de personas, prohibida en toda la categoría Open.
  - **Imposibilidad de mantener 30 metros** respecto a personas ajenas, que es lo que exigiría la subcategoría A2 para un C2.
- **Requisitos:**
  - Autorización operacional de la autoridad competente, con SORA o el PDRA que corresponda.
  - Coordinación con el gestor del espacio aéreo si la zona está controlada.
  - Coordinación con la autoridad municipal para acotar la zona en tierra.
  - Luz verde intermitente encendida durante todo el vuelo nocturno.
  - Manual de operaciones y seguro acorde al alcance de la operación.

► Lo que empuja este caso a Specific no es la noche

Este escenario se cita a menudo como ejemplo de «vuelo nocturno, luego Specific». El razonamiento es incorrecto: **volar de noche está permitido en la categoría Open** con luz verde intermitente. Lo que obliga a Specific aquí es la **aglomeración de personas** y la imposibilidad de respetar la distancia de 30 metros. Si el mismo rodaje se hiciera de noche en un descampado sin público, cabría en Open.

2.10 Preguntas Frecuentes

2.10.1 ¿Puedo usar un dron C0 de menos de 250 g sin registrarme?

Depende de si lleva cámara. El **operador** debe registrarse siempre que el dron incorpore una cámara o cualquier sensor capaz de captar datos personales, con independencia de su masa. Como prácticamente todos los drones de esta gama la llevan, en la práctica el registro es obligatorio.

Dos precisiones sobre este tipo de aparatos:

- La **clase C0 sí existe formalmente** y exige marcado CE, etiqueta de clase y declaración de conformidad. De lo único que se libra es de la identificación directa a distancia.
- Para pilotar un C0 en A1 **no se exige certificado de competencia**: basta con conocer el manual del fabricante. El A1/A3 se vuelve necesario a partir de la clase C1.

2.10.2 ¿Qué diferencia hay entre A1 y A3?

Ambas se cubren con el mismo certificado de piloto, el A1/A3, pero difieren en el dron y en el entorno:

- **A1:** Drones de clase C0 y C1. Permite volar cerca de personas ajenas —el C0 incluso sobrevolarlas—, nunca sobre aglomeraciones.
- **A3:** Drones de hasta 25 kg (clases C3 y C4). Obliga a mantener 150 metros respecto a zonas residenciales, comerciales, industriales o recreativas, y a operar donde no quepa esperar personas ajenas.

Los 30 metros no corresponden a A1 sino a la subcategoría **A2**, que exige certificado propio.

2.10.3 ¿Se puede operar en categoría Specific sin autorización escrita?

Sí, en un supuesto concreto: cuando la operación encaja exactamente en un **escenario estándar** (STS-01 o STS-02). En ese caso basta con presentar una **declaración** ante la autoridad competente, sin esperar a que ésta resuelva.

Fuera de ese supuesto, la respuesta es no: necesitas **autorización operacional** previa, que se solicita acompañada del análisis de riesgos (SORA o el PDRA aplicable), la documentación técnica y los procedimientos operativos. La tercera vía, el **LUC**, puede facultar al operador para autorizar sus propias operaciones dentro del alcance concedido.

2.10.4 ¿Cuánto tarda la aprobación de una operación Specific?

Típicamente entre 15 y 60 días, dependiendo de:

- Complejidad de la operación.
- Completitud de la documentación.
- Volumen de solicitudes en la autoridad.
- Necesidad de consultorías externas.

Por eso conviene iniciar el trámite con holgura y, sobre todo, **no comprometer fechas con un cliente hasta tener la resolución**. El plazo exigible es el que publique tu autoridad nacional en su procedimiento: el Reglamento europeo no fija ninguno.

2.10.5 ¿Un dron de clase C5 requiere certificación de tipo?

No. La pregunta parte de una confusión frecuente: suponer que las clases crecen en masa y que C5 designa un aparato grande. **Ninguna clase con marcado supera los 25 kg de MTOM**, y la C5 no es una excepción.

La clase C5 se creó para habilitar el escenario estándar **STS-01** dentro de la categoría Specific. Como cualquier otra clase, se acredita mediante **declaración UE de conformidad y marcado CE** del fabricante, no mediante certificado de tipo. La certificación de tipo pertenece a la categoría **Certified**, que es un régimen distinto y no se articula por clases C.

2.11 Resumen

Los puntos clave de las categorías de operación en EASA son:

1. **Categoría Open** — Riesgo bajo, VLOS obligatorio, altura máxima de 120 metros, sin autorización previa y sin sobrevolar aglomeraciones. Se divide en A1 (clases C0 y C1, cerca de personas), A2 (clase C2, a 30 metros de personas ajenas o 5 con modo de baja velocidad) y A3 (clases C3 y C4, a 150 metros de zonas urbanizadas).
2. **Categoría Specific** — Riesgo intermedio, con **tres vías**: declaración bajo escenario estándar (STS-01 o STS-02), autorización operacional con PDRA o SORA, y certificado LUC. Se llega aquí por BVLOS, sobrevuelo de aglomeraciones, masa igual o superior a 25 kg o superación de los 120 metros.
3. **Categoría Certified** — Riesgo alto, con certificación de la aeronave y del operador en términos próximos a la aviación tripulada. Transporte de personas, mercancías peligrosas y operaciones sobre aglomeraciones con aeronaves de gran tamaño.
4. **Clases C0–C6** — Siete clases, **todas por debajo de 25 kg de MTOM**. C0 (<250 g) y C1 (<900 g) para A1; C2 (<4 kg) para A2; C3 y C4 para A3; **C5 y C6 no son de categoría Open**: habilitan los escenarios estándar STS-01 y STS-02.
5. **Drones legacy** — Los comercializados sin marcado de clase antes del **1 de enero de 2024** siguen volando indefinidamente, pero limitados a A1 si pesan menos de 250 g y a A3 si pesan menos de 25 kg. Nunca podrán acceder a A2.
6. **Vuelo nocturno** — Permitido en categoría Open con **luz verde intermitente** encendida. No es por sí solo motivo para pasar a Specific.
7. **Dron de construcción propia** — No tiene marcado de clase, así que queda en el mismo régimen que un *legacy*: A1 si baja de 250 g, A3 si baja de 25 kg, nunca A2.

8. **Aeromodelismo en clubes** — El artículo 16 permite a la autoridad autorizar a un club o asociación un régimen propio, distinto de las subcategorías. No exime del registro de operador y sólo vale en el territorio del Estado que lo expide.
9. **Matriz de decisión** — Si necesitas BVLOS, sobrevolar aglomeraciones, superar los 120 metros o volar un dron de 25 kg o más, sales de la categoría Abierta.

2.12 Referencias Normativas

Normativa Aplicable

- **Regulación (UE) 2019/947** — Operaciones con sistemas de aeronaves no tripuladas (UAS).
- **Regulación (UE) 2019/945** — Requisitos técnicos para sistemas de aeronaves no tripuladas.
- **Reglamento de Ejecución (UE) 2022/425** — Aplaza las fechas de transición de los drones sin marcado de clase y la aplicación de los escenarios estándar.

2.12.1 Enlaces útiles

- EASA UAS Regulations.
  https://www.easa.europa.eu/en/regulations/unmanned-aircraft-systems-uas
- AESA (Autoridad Española de Aviación Civil).
  https://www.seguridadaerea.gob.es/
- EASA FAQ: Categorías y Clases.
  https://www.easa.europa.eu/en/faq/what-are/easa-uas-categories-and-classes
- SORA Framework
  https://www.easa.europa.eu/en/drones/specific-operations-risk-assessment-sora

Capítulo 3

Licencias y Certificaciones de Piloto

3.1 Introducción

La regulación EASA (UE) 2019/947 establece un sistema de certificación de **pilotos remotos** (Remote Pilot) escalonado según el nivel de complejidad operativa. A diferencia de la aviación tripulada tradicional, donde el piloto debe poseer una licencia de aviador integral, la regulación de drones reconoce que diferentes tipos de operación requieren diferentes niveles de competencia del piloto.

Distinción Crítica: Piloto Remoto vs. Operador

En la regulación EASA, existen dos roles diferentes:
Piloto Remoto — La persona que controla el dron (certificación que se trata en este capítulo)
Operador — La empresa o persona propietaria del dron que se registra ante autoridades (diferente certificación, tratado en Capítulo 4)
Este capítulo se enfoca en certificaciones del PILOTO REMOTO, no del Operador.

Este capítulo explora los tres niveles principales de certificación de pilotos remotos en la Unión Europea:

1. **Certificado A1/A3** — Operaciones de bajo riesgo (Categoría Abierta básica).
2. **Certificado A2** — Operaciones de riesgo moderado (Categoría Abierta avanzada).
3. **Certificado de escenario estándar** — Operaciones bajo STS-01 o STS-02 (Categoría Específica).

Cada nivel representa un escalón en complejidad, requisitos de formación y ámbito operativo permitido.

Objetivo del Capítulo

Comprender los requisitos de certificación de pilotos remotos en EASA, desde el procedimiento simplificado en línea (A1/A3) hasta certificaciones especializadas (STS para Categoría Específica), permitiendo identificar qué certificación necesitas para tu operación específica.

3.2 Marco Regulatorio y Estructura de Certificaciones

La regulación (UE) 2019/947 define tres categorías de operación (Abierta, Específica, Certificada) que determinan los requisitos de certificación del personal. La estructura es:

Certificado/Escenario	Categoría	Requisitos Clave
A1/A3	Abierta	Formación en línea y examen de 40 preguntas. Sin evaluación práctica
A2	Abierta	Exige el A1/A3 previo, examen teórico en línea y autoformación práctica declarada
STS-01	Específica	VLOS sobre zona controlada en tierra, entorno poblado. Dron de clase C5. Declaración
STS-02	Específica	BVLOS con observadores del espacio aéreo, zona controlada en tierra, entorno escasamente poblado. Dron de clase C6. Declaración

Cuadro 3.1
Niveles de competencia del piloto a distancia y requisitos de cada uno.

Figura 3.1

Certificado de conocimientos teóricos de piloto a distancia

Merece la pena detenerse en el margen derecho de la tarjeta. Los tres distintivos —**A1/A3**, **A2** y **STS**— se corresponden exactamente con los tres niveles que acabamos de describir, y se van habilitando conforme se superan.

Lee tu propia tarjeta antes de aceptar un trabajo

Es la comprobación de treinta segundos que evita el problema: mira qué distintivos tienes marcados y cuál es la **fecha de caducidad**.
Un piloto con sólo el A1/A3 no puede aceptar un encargo que exija acercarse a 30 metros de personas, y uno sin el distintivo STS no puede volar bajo escenario estándar por mucha experiencia que acumule. El documento lo dice; basta con mirarlo.

Validez Europea

Los certificados A1/A3 y A2 emitidos por cualquier autoridad competente (AESA, DGAC, LBA, ENAC, ANAC) son válidos en todos los **Estados miembros de la EASA**: los 27 de la Unión Europea más Noruega, Islandia, Liechtenstein y Suiza. Las declaraciones bajo escenario estándar se presentan ante la autoridad nacional, pero el marco es común a todo ese espacio.

3.3 Certificado A1/A3: Procedimiento Simplificado

El Certificado A1/A3 es el nivel de entrada para operadores que desean realizar operaciones en la categoría *Open*. Es el más accesible en términos de tiempo y costo.

3.3.1 ¿Quién puede solicitar A1/A3?

Prácticamente cualquier persona puede solicitar el Certificado A1/A3:

- Edad mínima: 16 años (puede variar según autoridad nacional).
- Nacionalidad: No se requiere ser ciudadano europeo.
- Experiencia previa: No obligatoria.
- Educación formal: No requerida.

3.3.2 Procedimiento de Obtención

El procedimiento es completamente en línea:

1. **Registro de cuenta** — En el portal de la autoridad nacional (AESA para España).
2. **Autoestudio** — Revisar el material formativo que publica la autoridad. No hay una duración mínima exigida: se estudia hasta dominar el temario.
3. **Test teórico online** — Examen de **40 preguntas**; se aprueba con **30 aciertos** (75 %).
4. **Emisión del certificado** — Descargable inmediatamente tras aprobación.

> ▸ Validez Temporal
>
> El Certificado A1/A3 tiene validez de 5 años desde su emisión. Después de este período, se requiere renovación mediante otro test online.

3.3.3 Contenidos del Test A1/A3

El test consiste en **40 preguntas de opción múltiple**. Necesitas acertar **30 preguntas (75 %)** para aprobar.

Temas cubiertos en el test:

- Regulación básica (categorías, límites operativos, Reglamento (UE) 2019/947).
- Seguridad operacional (VLOS, altitud, distancia, personas no participantes).
- Meteorología básica (viento, lluvia, visibilidad, condiciones meteorológicas).
- Espacio aéreo (zonas prohibidas, zonas de tránsito, coordinación ATC).
- Privacidad y protección de datos (RGPD básico, grabación imágenes).
- Responsabilidad civil y seguros obligatorios.
- Efectos de las drogas y alcohol en pilotaje.
- Mantenimiento básico y verificaciones pre-vuelo.

Recursos de Estudio

La mayoría de autoridades proporciona material de estudio gratuito (folletos, videos) antes del test. Aprovecha estos recursos para familiarizarte con los temas.

3.3.4 Limitaciones del Certificado A1/A3

Con A1/A3 estás limitado a operaciones en Categoría Abierta. Las limitaciones varían según subcategoría (A1, A2, A3):

Limitaciones Comunes a A1/A3

- Operaciones Open únicamente (no Specific, no Certified).
- VLOS obligatorio (alcance visual directo del piloto).
- Altitud máxima: 120 metros AGL (sobre el punto más cercano de la superficie terrestre).
- Sin transporte de cargas peligrosas o liberación de cargas.

Aclaración: VLOS vs. Distancia Horizontal

VLOS (Visual Line of Sight / Alcance Visual Directo) es el verdadero límite horizontal. No hay un número fijo de metros establecido por EASA. El dron puede alejarse horizontalmente todo lo que tu capacidad visual te permita: **100-300m para drones pequeños (Mini), 500m+ para drones grandes**. La regulación prefiere esta flexibilidad adaptada al tamaño del dron en lugar de imponer un número rígido.

Limitaciones Específicas de Subcategoría A1

- Aeronaves admitidas: **clase C0** (menos de 250 g) y **clase C1** (menos de 900 g).
- Distancia mínima a personas no participantes: **Evitar el sobrevuelo**. Si es inevitable, debe reducirse al mínimo tiempo posible.
- No permitido sobrevuelo de aglomeraciones de personas.
- Vuelos nocturnos: Permitidos **con luz verde intermitente (baliza)** encendida.

Limitaciones Específicas de Subcategoría A3

- Masa máxima del dron: 25 kilogramos.
- Distancia mínima a zonas pobladas: **150 metros horizontal** con respecto a zonas residenciales, comerciales, industriales o recreativas.
- Distancia mínima a personas: Mínimo distancia segura acordada en operaciones.
- Vuelos nocturnos: Permitidos **con luz verde intermitente (baliza)** encendida.

Requisito de Baliza para Vuelos Nocturnos

Para cualquier vuelo nocturno en Categoría Abierta (A1, A2, A3), el dron DEBE llevar una **luz verde parpadeante/destellante** (baliza) encendida y visible continuamente. Las luces rojas o blancas que traen los drones de fábrica no son suficientes; generalmente se requiere una baliza externa homologada. Sin esta luz, el vuelo nocturno es ilegal.

3.4 Certificado A2: Formación y Evaluación Práctica

El Certificado A2 permite operaciones más complejas que A1/A3, especialmente la capacidad de aproximarse a personas no participantes. Requiere mayor inversión en formación.

3.4.1 ¿Quién puede solicitar A2?

- Edad mínima: 16 años.
- **Requisito previo OBLIGATORIO:** Certificado A1/A3 aprobado (es requisito indispensable por ley).
- Formación requerida: Autoformación teórica (el piloto estudia material oficial de AESA).
- Evaluación práctica: Autoformación práctica + declaración jurada (sin instructor presencial).

▶ Requisito Previo Indispensable: A1/A3 Primero

NO se puede examinarse del A2 sin haber aprobado antes el A1/A3. Este es un requisito legal obligatorio, no opcional. Si no tienes A1/A3, debes aprobarlo primero (test online de 40 preguntas, 30 correctas).

3.4.2 Procedimiento de Obtención

El proceso es simple y accesible:

1. **Verificar A1/A3** — Confirmar que tienes certificado A1/A3 aprobado (requisito previo indispensable).
2. **Autoformación teórica** — Estudiar material oficial de AESA (disponible gratis en su web).
3. **Examen teórico online** — **30 preguntas** en la plataforma de AESA, con un umbral de aprobado del **75 %** (23 aciertos).
4. **Autoformación práctica** — Practicar vuelos con tu dron en zona segura (sin instructor presencial).
5. **Declaración jurada** — Firmar declaración confirmando que completaste formación práctica.
6. **Emisión del certificado** — AESA emite el certificado A2 tras aprobación del examen.

En España el A2 es gratuito

El examen teórico del A2 se realiza sin coste en el portal de AESA. **Ojo con extrapolarlo**: las tasas las fija cada Estado miembro y no existe una regla europea, así que en otro país puede haberlas.
Si te ofrecen un curso de pago «para sacarte el A2», comprueba qué estás comprando exactamente. La formación puede aportar valor, pero el certificado en sí no depende de contratarla.

3.4.3 Contenidos de Formación A2

La formación cubre:

- Regulación detallada (operaciones Open A2, limitaciones específicas).
- Aerodinámica de drones.
- Procedimientos de seguridad y riegos operacionales.
- Mantenimiento e inspección de aeronaves.
- Meteorología aplicada (interpretación de datos).
- Espacio aéreo y coordinación ATC.
- Privacidad, datos y responsabilidad.
- Evaluación de riesgos básica (introducción a SORA).

3.4.4 Autoformación Práctica A2

La formación práctica es autodirigida (sin instructor presencial):

Contenido recomendado de autoformación:

- Vuelos de precisión (despegue, vuelo controlado, aterrizaje).
- Reconocimiento de riesgos operacionales (pérdida de enlace, fallo de sensor).
- Procedimientos de seguridad (pre-vuelo, post-vuelo).
- Mantenimiento e inspecciones básicas.
- Vuelos en diferentes condiciones meteorológicas.
- Experiencia operando a las distancias permitidas (30m de personas).

Autoformación sin Instructor

Practicas por tu cuenta en una zona segura (sin público, sin infraestructura crítica). No hay instructor presente. AESA confía en tu responsabilidad como piloto remoto para completar la autoformación práctica. Se recomienda mínimo 10+ horas de vuelo antes de firmar declaración jurada.

3.4.5 Ventajas del Certificado A2

Con A2 tienes significativamente más flexibilidad operativa que A1/A3:

- Operar drones hasta 4 kilogramos (clase C2), frente a los 900 g de la clase C1 en A1.
- Aproximarte a 30 metros de personas no participantes
  - O reducir a 5 metros si el dron tiene marcado C2 y activas modo de baja velocidad.
- Vuelos nocturnos permitidos con luz verde intermitente (baliza) encendida.
- Operaciones comerciales en categoría Open.
- Mayor flexibilidad operativa en zonas pobladas (no solo rurales).

Nota: A2 NO da acceso a STS

El Certificado A2 es solo para Categoría Abierta. Para acceder a Escenarios Estándar (STS-01, STS-02), necesitas un examen teórico y evaluación práctica completamente diferente, dentro de la Categoría Específica. A2 y STS son caminos diferentes.

3.4.6 Limitaciones del Certificado A2

El Certificado A2 te permite operar bajo la subcategoría A2 de la Categoría Abierta, con las siguientes limitaciones específicas:

- Masa máxima del dron: **4 kilogramos** (clase C2).
- Distancia mínima a personas no participantes: **30 metros horizontal**
  - Opcionalmente, reducible a **5 metros horizontal** si el dron tiene marcado C2 y está activo el modo de baja velocidad.
- Sobrevuelo de aglomeraciones: No permitido.
- Altitud máxima: 120 metros AGL.
- VLOS obligatorio (alcance visual directo del piloto).
- Vuelos nocturnos: **Permitidos con luz verde intermitente (baliza)** encendida.
- Sin transporte de cargas peligrosas.

▶ Distinción Crítica: A1/A3 vs. A2

Si solo tienes certificado A1/A3, NO puedes volar un dron de 4 kg a 30 metros de personas (operación A2). Para eso, **debes aprobar obligatoriamente el certificado A2** con examen teórico y evaluación práctica. Los certificados A1/A3 y A2 son completamente separados; no puedes mezclar permisos.

3.5 STS-01 y STS-02: Escenarios Estándar para Operaciones Specific

Los **STS (Standard Scenarios)** son marcos predefinidos por EASA que permiten realizar operaciones Specific sin necesidad de solicitar autorización individual a la autoridad. La notificación reemplaza a la autorización, acelerando significativamente los trámites.

¿Qué son los STS?

Los STS son escenarios operacionales estandarizados que EASA ha evaluado como de riesgo aceptable si se cumplen todos los criterios. Notificar tu operación a la autoridad bajo un STS es más rápido que solicitar autorización individual.

3.5.1 STS-01: Operaciones VLOS sobre Zona Controlada en Entorno Poblado

Ámbito: Operaciones en alcance visual directo (VLOS) sobre una **zona controlada en tierra**, que puede situarse en un **entorno poblado**.

La clave del STS-01 es la zona controlada, no la distancia

El mecanismo de seguridad del STS-01 no consiste en mantener una distancia a las personas, sino en **acotar el terreno sobrevolado**. En la zona controlada en tierra **sólo pueden encontrarse personas involucradas en la operación**. Eso es lo que permite volar en un entorno poblado: no es que se tolere el sobrevuelo de terceros, es que bajo la trayectoria no hay terceros.

Requisitos principales:

- Aeronave con marcado de **clase C5**.
- Altura máxima: **120 metros** sobre el punto más próximo de la superficie terrestre.
- Operación en **VLOS** obligatorio.
- **Zona controlada en tierra** delimitada, en la que sólo estén presentes personas involucradas.
- Piloto con **certificado de escenario estándar** (examen teórico y acreditación de competencias prácticas).
- Presentación de la **declaración** de operación ante la autoridad competente.

► El certificado A2 no habilita para el STS-01

El A2 pertenece a la categoría Abierta. Para operar bajo un escenario estándar se necesita el **certificado de piloto para escenarios estándar**, que es una acreditación distinta y adicional. Tener el A2 no exime de obtenerla.

Operaciones típicas STS-01:

- Fotogrametría e inspección de propiedades en zonas residenciales dispersas.
- Agricultura de precisión (fumigación, mapeo de cultivos).
- Inspección de infraestructuras (líneas eléctricas, telecomunicaciones) en zona poblada.
- Relevamiento topográfico en pueblos y zonas semirrurales.

Ventaja: no hay autorización que esperar

El STS funciona por **declaración**, no por autorización. El operador declara ante la autoridad que su operación se ajusta al escenario, y ésa es toda la habilitación previa que necesita: no hay una resolución administrativa que aguardar.
Lo que sí debes tener resuelto **antes** de declararte es lo demás —aeronave de la clase exigida, certificado de piloto para el escenario y zona controlada en tierra asegurada—, porque la declaración afirma que ya cumples.

3.5.2 STS-02: Operaciones BVLOS sobre Zona Controlada en Entorno Escasamente Poblado

Ámbito: Operaciones fuera del alcance visual (BVLOS) **con observadores del espacio aéreo**, sobre una **zona controlada en tierra** situada en un **entorno escasamente poblado**.

Qué distingue al STS-02 del STS-01

Ambos exigen zona controlada en tierra y ambos se limitan a 120 metros de altura. Las dos diferencias son el **entorno** —poblado en el STS-01, escasamente poblado en el STS-02— y el **modo de vuelo**: el STS-02 permite BVLOS, pero a cambio impone **observadores del espacio aéreo**, cuya función es vigilar la posible aproximación de aeronaves tripuladas que el piloto ya no puede ver.

Requisitos principales:

- Aeronave con marcado de **clase C6**.
- Altura máxima: **120 metros** sobre el punto más próximo de la superficie terrestre.
- **BVLOS permitido**, con **observadores del espacio aéreo** desplegados.
- **Zona controlada en tierra** en entorno escasamente poblado, con sólo personas involucradas presentes.
- Piloto con **certificado de escenario estándar**.
- Presentación de la **declaración** de operación ante la autoridad competente.

▸ Los límites de distancia están en el reglamento

El STS-02 fija además límites concretos de distancia entre la aeronave y el piloto remoto, y de separación respecto a los observadores del espacio aéreo, que varían según se empleen o no dichos observadores. Consúltalos en el **Apéndice 1, Capítulo 2, del Anexo del Reglamento de Ejecución (UE) 2019/947** antes de planificar la operación: son cifras que conviene leer en la fuente y no de memoria.

Operaciones típicas STS-02:

- Inspección de líneas eléctricas/telecomunicaciones en zonas rurales.
- Mapeo agrícola de grandes extensiones.
- Inspección de gasoductos/oleoductos.
- Búsqueda y rescate en áreas extensas poco pobladas.
- Relevamiento topográfico de zonas remotas.

▶ Operación Complejas: Requiere Formación Adicional

Aunque STS-02 es un escenario estándar, BVLOS requiere entrenamiento significativo: procedimientos de monitoreo, sistemas de comunicación, planes de emergencia. Los tiempos y costos son mayores que STS-01.

3.5.3 Procedimiento de Notificación STS

Para operar bajo STS:

1. **Selecciona el STS** — Comprueba si tu operación encaja entera en el STS-01 o en el STS-02.
2. **Prepara la documentación** — Manual de operaciones y procedimientos exigidos por el escenario.
3. **Presenta la declaración** — Ante la autoridad competente, por el cauce que ésta habilite.
4. **Opera bajo el STS** — Sin esperar resolución, respetando en todo momento las condiciones declaradas.

3.5.4 STS vs. Autorización Individual

Vía	Alcance de la operación	Competencia exigida al piloto
STS-01	VLOS sobre zona controlada en tierra, en entorno poblado, con aeronave de clase C5 y hasta 120 m	Certificado de piloto a distancia para STS-01: examen teórico ante la autoridad competente y acreditación de aptitudes prácticas
STS-02	BVLOS con observadores del espacio aéreo, en entorno escasamente poblado, con aeronave C6 y hasta 120 m	Certificado para STS-02, con la formación práctica específica de ese escenario
PDRA	Operación que encaja en un análisis de riesgos ya resuelto por EASA	La que establezca el PDRA aplicable
Autorización operacional	Condiciones definidas a medida a partir de un SORA	Las competencias que fije la propia autorización, acreditadas ante la autoridad

Cuadro 3.2

Vías de la categoría Específica y competencia que cada una exige al piloto. El certificado A2 no da acceso a los escenarios estándar.

► Dos confusiones que esta tabla corrige

El certificado A2 no da acceso a los escenarios estándar. La competencia para STS es una vía **propia**, no una continuación del A2. Algunos Estados reducen el número de preguntas del examen a quien ya posee el A1/A3 o el A2, pero eso es una facilidad administrativa nacional, **no un requisito previo**: quien no tenga ninguno de los dos se examina igualmente, sólo que del temario completo.

Un STS no se aprueba: se declara. El operador presenta una **declaración** de conformidad con el escenario y puede operar; la autoridad no concede una autorización previa. Por eso no tiene sentido hablar de «plazo de aprobación» de un STS. Lo que sí se autoriza —y lleva su tiempo de tramitación— es la **autorización operacional** derivada de un SORA.

Quién emite cada parte del certificado STS

- **El examen teórico** lo realiza la **autoridad competente** del Estado, o la entidad en quien delegue según su implantación nacional.
- **La acreditación de aptitudes prácticas** la emite una **entidad reconocida** o un **operador UAS declarado** ante la autoridad para impartir esa formación.
- **El certificado resultante es válido en toda la Unión Europea**, no sólo en el Estado que lo expide.

El número de preguntas, la duración del examen y el umbral de aprobado los fija cada autoridad nacional. Consulta la tuya antes de matricularte: son datos que cambian de un Estado a otro y con el tiempo.

3.5.5 Formación Requerida para STS

A diferencia del A1/A3, que se agota en un curso y un examen en línea, la competencia para un escenario estándar tiene **dos componentes que hay que superar por separado**:

1. **Examen teórico del escenario**, ante la autoridad competente o la entidad en quien delegue. Cubre las particularidades del STS: la zona controlada en tierra, el volumen operacional, los procedimientos de emergencia y —en STS-02— la coordinación con observadores del espacio aéreo.
2. **Acreditación de aptitudes prácticas**, emitida por una entidad reconocida o por un operador UAS declarado ante la autoridad para impartir esa formación. No es un examen puntual, sino una **evaluación continua** de la destreza del piloto en el escenario concreto.

► No existe un número de horas fijado por la normativa europea

Circulan cifras del tipo «10 horas de vuelo para el STS-01» o «20 horas de BVLOS para el STS-02». **No están en el Reglamento (UE) 2019/947.** La formación práctica es **basada en competencias**: se acredita cuando el instructor evalúa que el piloto domina las maniobras y los procedimientos del escenario, no cuando acumula un número de horas.
Cada entidad de formación organiza su programa como estime, y las horas que anuncie son su oferta comercial, no un mínimo legal. Lo mismo vale para el número de preguntas del examen teórico y su duración, que fija cada autoridad nacional.

3.5.6 Limitaciones de los STS

Un escenario estándar es un molde cerrado: o tu operación encaja entera en él, o no puedes declararte bajo ese STS. Éstas son las condiciones que definen cada uno según el Apéndice 1 del Anexo del Reglamento (UE) 2019/947:

Condición	**STS-01**	**STS-02**
Clase de aeronave	C5	C6
Alcance visual	VLOS durante todo el vuelo	BVLOS, con observadores del espacio aéreo
Entorno	Poblado	Escasamente poblado
Zona controlada en tierra	Obligatoria	Obligatoria
Altura máxima	120 m sobre el punto más próximo del terreno	120 m sobre el punto más próximo del terreno
Mercancías peligrosas	No permitidas	No permitidas

Cuadro 3.3
Condiciones que definen cada escenario estándar europeo, según el Apéndice 1 del Anexo del Reglamento (UE) 2019/947.

Lo que de verdad separa un STS del otro

No es la distancia a las personas —ninguno de los dos se define así—, sino la combinación de **alcance visual** y **entorno**:

- El **STS-01** admite entorno **poblado** porque exige VLOS permanente y una aeronave C5, cuyos requisitos de producto incluyen medios para terminar el vuelo de forma controlada.
- El **STS-02** admite **BVLOS** porque lo compensa alejándose de la gente: sólo entorno **escasamente poblado**, y con observadores del espacio aéreo vigilando el volumen de la operación.

En ambos casos, lo que protege a los terceros en tierra es la **zona controlada en tierra**: un área donde únicamente hay personas involucradas en la operación. Es el mecanismo central de los dos escenarios, y el que con más frecuencia se omite al explicarlos.

Si tu operación no encaja, no fuerces el molde

El Apéndice 1 fija además distancias, velocidades, visibilidad mínima y dimensiones del volumen operacional que aquí no se reproducen por ser el detalle propio de la fase de planificación. **Consúltalo íntegro antes de declararte**, y ten presente que algunos Estados publican también **escenarios estándar nacionales** con condiciones propias.

Cuando la operación se sale del molde —BVLOS sobre entorno poblado, aeronave sin la clase exigida, altura superior a 120 m— la vía no es reinterpretar el STS, sino subir un escalón: el **PDRA** si existe uno aplicable, y si no, la **autorización operacional** con SORA. El capítulo 7 recorre esas tres vías en orden.

3.6 Conversión y Equivalencias Entre Certificados

3.6.1 Conversión de A1/A3 a A2

Si ya posees certificado A1/A3:

- No necesitas repetir el examen A1/A3: es requisito previo del A2, y ya lo tienes.
- Debes superar el examen teórico del A2 y declarar la autoformación práctica.
- El tiempo depende del ritmo al que estudies y de la disponibilidad de convocatoria en tu autoridad.

3.6.2 Operaciones Específicas Complejas (BVLOS, Nocturnas, etc.)

Para operaciones que excedan los límites de STS-01 y STS-02 (como BVLOS, vuelos nocturnos, o operaciones sobre aglomeraciones):

- No existe un "certificado de actualización" adicional.
- Debes solicitar **autorización individual** a la autoridad nacional (AESA en España).
- Se requiere un análisis detallado de riesgos (SORA o PDRA).
- La competencia exigida al piloto **no es el A2**, sino la que fije la propia autorización, o el certificado de escenario estándar si la operación se acoge a un STS.
- El plazo de tramitación lo marca el procedimiento de tu autoridad nacional; el Reglamento europeo no fija ninguno.

3.6.3 Reconocimiento de Formación Previa

EASA reconoce experiencia previa en algunos casos:

- Pilotos de aviación tripulada pueden obtener exenciones parciales.
- Operadores con experiencia legacy (pre-2019) pueden solicitar equivalencias.
- Formadores y instructores pueden acreditar competencias.

Consulta Anticipada

Si tienes experiencia previa significativa, contacta con la autoridad competente antes de solicitar. Podrías obtener exenciones que aceleren el proceso.

3.7 Casos Prácticos

3.7.1 Caso 1: Aficionado que Quiere Volar su Dron

Escenario: Acabas de comprar un DJI Mini 3 Pro (249g) y quieres volar en tu jardín y parques locales. No tienes experiencia previa.

Decisión:

- **Certificado necesario:** A1/A3. Con menos de 250 g vuelas en la subcategoría **A1**.
- **Registro de operador:** obligatorio si el dron lleva cámara, aunque pese menos de 250 g.
- **Pasos:**
  1. Regístrate en el portal de tu autoridad nacional.
  2. Estudia el material formativo que publica.
  3. Supera el examen en línea: **40 preguntas**, **30 aciertos** para aprobar.
  4. Descarga el certificado y rotula el número de operador en la aeronave.
- **Ojo con el jardín y el parque:** el certificado resuelve la competencia, no el lugar. Consulta las zonas geográficas UAS y las normas del parque antes de despegar.

3.7.2 Caso 2: Profesional que Ofrece Servicios de Fotogrametría

Escenario: Eres ingeniero civil y quieres ofrecer servicios de fotogrametría con drones DJI Mavic 3 (895g, clase C1). Necesitas operar profesionalmente en zonas rurales e urbanas.

Decisión:

- **Certificado necesario: A1/A3**. Una aeronave de clase **C1** vuela en la subcategoría **A1**, y para A1 basta el A1/A3.
- **El error que hay que evitar:** suponer que un C1 «exige A2». No es así. El **A2 empieza en la clase C2**: es la habilitación para acercarse a personas ajenas hasta 30 metros —o 5 con modo de baja velocidad—, y quien no vuela un C2 no la necesita.
- **Lo que sí condiciona el trabajo:** en A1 con un C1 **no puedes sobrevolar personas ajenas**. En zona urbana eso obliga a planificar el encuadre, la trayectoria y, si hace falta, a acotar el terreno.
- **Cuándo cambia el escenario:** si la operación no cabe en la Abierta —sobrevuelo de aglomeraciones, BVLOS, más de 120 m—, se pasa a la categoría Específica, con la competencia que exija la vía elegida.
- **Registro y seguro:** regístrate como operador. Al tratarse de actividad profesional, revisa además la cobertura de responsabilidad civil que exija tu Estado.

3.7.3 Caso 3: Operador que Necesita BVLOS (Beyond Visual Line of Sight)

Escenario: Necesitas inspeccionar una línea eléctrica de 50km. Requiere BVLOS (vuelo fuera de alcance visual) — operación que excede STS estándar.

Decisión:

- **Primera comprobación:** ¿encaja en el **STS-02**? Es el escenario de BVLOS con observadores del espacio aéreo en entorno escasamente poblado. Si la línea discurre por campo abierto, puede que sí, y entonces basta con **declararse** y disponer del certificado de piloto para ese escenario.
- **Segunda comprobación:** si no encaja, ¿existe un **PDRA** aplicable? Es un análisis de riesgos ya resuelto por EASA que ahorra redactar el SORA desde cero.
- **Tercera vía:** si tampoco, **autorización operacional** con SORA propio.
- **Competencia del piloto:** la que fije el escenario o la autorización. **No es el A2**, que pertenece a la categoría Abierta y no da acceso a la Específica.
- **Proceso:**
  1. Recorre las tres vías en ese orden, de menor a mayor esfuerzo.
  2. Prepara el plan operativo: volumen, aeronave, procedimientos de contingencia y emergencia.
  3. Elabora el SORA sólo si las dos primeras vías se descartan.
  4. Presenta la solicitud ante tu autoridad nacional y no comprometas fechas con el cliente hasta tenerla resuelta.

3.8 Preguntas Frecuentes

3.8.1 ¿Es necesario obtener A1/A3 antes de A2?

Sí, es obligatorio. El punto **UAS.OPEN.030(2)** del Reglamento (UE) 2019/947 exige cumplir sus condiciones «en el orden indicado», y la primera de ellas es superar la formación en línea y el examen teórico del A1/A3. No es posible obtener el A2 sin haberlo aprobado antes.

3.8.2 ¿Cuánto tiempo dura un certificado?

- **A1/A3:** 5 años desde emisión. Renovación: test online abreviado.
- **A2:** 5 años desde emisión. Renovación: formación + examen abreviado.
- **Autorizaciones operacionales:** la vigencia la fija la propia autorización. Compruébala en el documento.

Después de vencer, necesitas renovar mediante test abreviado, formación recurrente, o nueva evaluación según el tipo de certificado/autorización.

3.8.3 ¿Puedo volar en otros países de la UE con mi certificado español?

Sí. Tu certificado A1/A3, A2 o de escenario estándar emitido por AESA es válido en todos los Estados miembros de la EASA: los 27 de la Unión Europea más Noruega, Islandia, Liechtenstein y Suiza. Sin embargo, cada Estado define sus propias zonas geográficas UAS con restricciones adicionales. Verifica siempre la normativa local antes de operar.

3.8.4 ¿Qué sucede si fallo el test?

- **Exámenes de A1/A3 y A2:** se pueden repetir. El número de intentos y la espera entre ellos **los fija cada autoridad nacional**, no la normativa europea: consúltalo en la tuya antes de presentarte.
- **Autorización operacional:** si se deniega, puedes recurrir o volver a solicitarla subsanando los motivos de la resolución.

3.8.5 ¿Necesito seguro con el certificado?

El certificado es requisito *de competencia*. El seguro es requisito *de responsabilidad civil*. Ambos son obligatorios para operaciones profesionales, pero son cosas diferentes.

3.8.6 ¿Puedo volar un dron sin certificado?

En teoría, operaciones muy simples (ej: dron de juguete en tu jardín privado) pueden no requerir certificado. En la práctica, EASA recomienda certificación para cualquier vuelo estructurado. Consulta con la autoridad local.

3.9 Resumen

Los puntos clave sobre certificaciones de piloto en EASA:

1. **Certificado A1/A3** — Nivel de entrada, test online, acceso a operaciones Open simples. Validez 5 años.
2. **Certificado A2** — Nivel intermedio: exige el **A1/A3 previo**, examen teórico en línea y **autoformación práctica declarada**. Da acceso a la subcategoría **A2** de la categoría Abierta. Validez 5 años. **No es requisito previo para los STS**, que siguen una vía formativa propia.
3. **STS-01 y STS-02** — Escenarios estándar de la categoría Específica. El **STS-01** cubre operaciones **VLOS** sobre zona controlada en tierra en entorno **poblado**, con aeronave de clase **C5**. El **STS-02** cubre operaciones **BVLOS** con observadores del espacio aéreo en entorno **escasamente poblado**, con aeronave de clase **C6**. Ambos se habilitan por **declaración**, no por autorización.
4. **Operaciones más allá de los STS** — Cuando la operación no encaja en ningún escenario estándar, se recurre al **PDRA** aplicable o, en su defecto, a una **autorización operacional** con SORA propio. El **vuelo nocturno no entra en este grupo**: está permitido en categoría Abierta con luz verde intermitente.
5. **Progresión Típica** — A1/A3 → A2 → STS-01/STS-02 → Autorización individual (si es necesario).
6. **Validez Europea** — Certificados A1/A3 y A2 emitidos por autoridades EASA válidos en toda la UE. STS notificados a nivel nacional.
7. **Renovación** — A1/A3 y A2 requieren renovación cada 5 años (test abreviado o formación recurrente).

3.10 Referencias Normativas

Normativa Aplicable

- **Reglamento de Ejecución (UE) 2019/947** — Operaciones con UAS y competencias exigibles al piloto remoto. Los escenarios estándar STS-01 y STS-02 figuran en el Apéndice 1 de su Anexo.
- **Reglamento Delegado (UE) 2020/1058** — Introduce las clases **C5 y C6**, que habilitan respectivamente el STS-01 y el STS-02.
- **Reglamento de Ejecución (UE) 2022/425** — Aplaza las fechas de transición de los drones sin marcado de clase y la aplicación de los escenarios estándar.
- **Real Decreto 517/2024**, de 4 de junio (España) — Desarrollo nacional y procedimientos ante AESA.

3.10.1 Enlaces útiles

- **EASA UAS Regulations.**
  https://www.easa.europa.eu/en/regulations/unmanned-aircraft-systems-uas
- **AESA (Portal de Certificaciones).**
  https://www.seguridadaerea.gob.es/
- **EASA Pilot Licensing (Referencia).**
  https://www.easa.europa.eu/en/domains/civil-aviation/aeroplane/pilot-licensing

Capítulo 4

Registro de Operadores y Aeronaves

4.1 Introducción

La regulación (UE) 2019/947 establece un marco para el registro de **operadores de UAS** y la **identificación de aeronaves no tripuladas**. Estos requisitos son fundamentales para garantizar trazabilidad, responsabilidad y seguridad operacional.

Punto crítico: el registro **no distingue entre aficionados y profesionales**. Lo que lo activa son las características del dron, no el propósito del vuelo. En la práctica, la inmensa mayoría de los usuarios queda obligada —basta con que el aparato lleve cámara—, pero conviene conocer los criterios exactos en lugar de asumir que la obligación es universal.

Objetivo del Capítulo

Comprender quién debe registrarse, cómo hacerlo en España (AESA), qué documentación es obligatoria, y cómo identificar correctamente las aeronaves según regulación EASA.

4.2 Marco Regulatorio

El **artículo 14** del Reglamento de Ejecución (UE) 2019/947 establece la obligación de registro de los operadores de UAS y fija los criterios que la activan. El **Real Decreto 517/2024, de 4 de junio**, desarrolla en España lo que el reglamento europeo deja al Estado, y designa a **AESA** como autoridad competente.

4.3 ¿Quién Debe Registrarse? Criterios Exactos

Según AESA y (UE) 2019/947, **debes registrarse como operador** si pretendes volar un dron que cumpla **CUALQUIERA** de estos criterios:

4.3.1 En Categoría Open (si se cumple alguna)

1. **MTOM (Masa Máxima de Despegue) $\geq$ 250 gramos.**
2. **Energía cinética en colisión >80 julios** (aunque sea <250g).
3. **Equipada con sensor capaz de capturar datos personales** (cámara, micrófono, etc.), EXCEPTO si cumple Directiva 2009/48/CE (juguetes).

4.3.2 En Categoría Specific

TODOS los operadores deben registrarse, independientemente de masa u otros criterios.

> ▸ Crítico: Drones <250g
>
> Si tu dron es <250g pero tiene cámara o micrófono, **debes registrarte**. Si es dron juguete puro (sin sensores), puedes estar exento. Consulta a AESA si dudas.

4.3.3 Definición de Operador

Según (UE) 2019/947:

- **Persona física** — Individuo que vuela drones (incluidos aeromodelistas).
- **Persona jurídica** — Empresa, asociación, institución que opera drones.

Ambas deben registrarse. No hay diferencia legal entre "aficionado" y "profesional".

4.4 Procedimiento de Registro en España (AESA)

El registro se realiza íntegramente en línea en la **Sede Electrónica de AESA**.

Registrarse no es lo mismo que pedir autorización

Conviene separar dos trámites que se confunden a menudo. El **registro de operador** es una inscripción administrativa sencilla, común a todas las categorías, que se resuelve en línea. La **autorización operacional** de categoría específica es un procedimiento distinto, con evaluación de riesgos y manual de operaciones, que se aborda en el Capítulo 7. Registrarse no autoriza ninguna operación por sí solo.

4.4.1 Paso 1: Datos y Documentación

Para inscribirte como operador necesitas:

- **Identificación** del operador: datos personales si eres persona física, o datos de la sociedad y de su representante si eres persona jurídica.
- **Declaración responsable** de conocimiento y aceptación de la normativa aplicable.
- **Seguro de responsabilidad civil**, cuando sea exigible según la operación prevista.
- **Datos de contacto** para notificaciones.

No se registran los drones, se registra el operador

Una particularidad del sistema europeo: en las categorías Abierta y Específica **no se matriculan las aeronaves**. Lo que se inscribe es el operador, que recibe un número único aplicable a toda su flota. La matriculación individual de aeronaves sólo aparece en la categoría Certificada.

4.4.2 Paso 2: Obtención del Número de Operador

Una vez completada la inscripción obtienes:

- **Número de registro de operador UAS** — Identificador único generado por AESA.
- **Certificado de registro** descargable.
- Acceso permanente al portal para actualizar datos y renovar.

Figura 4.1
Tarjeta de registro de operador UAS

Conviene fijarse en dos datos de la tarjeta. El **número de registro** es el que habrá que marcar en cada aeronave de la flota. Y la **fecha de caducidad** materializa lo dicho antes: el registro no es indefinido.

► Esta tarjeta no acredita que sepas volar

Es la confusión que este libro viene señalando desde el capítulo 3, y aquí se ve de un vistazo: en la tarjeta de operador **no aparece ninguna subcategoría ni distintivo de competencia**. Sólo dice quién es el responsable de la operación.
La capacidad para pilotar la acredita un documento distinto —el certificado de piloto remoto—. Llevar ésta y no aquélla, o al revés, deja la operación incompleta.

4.4.3 Estructura del Número de Operador

El número sigue un formato común a todos los Estados miembros y consta de **dos partes**, una pública y otra reservada:

Parte	Longitud	Composición
Pública	16 caracteres	Código de país ISO 3166 alfa-3 (ESP para España), cadena alfanumérica del titular y un carácter final de control
Reservada	3 caracteres	Caracteres de seguridad que permiten a la autoridad validar la autenticidad del número

Cuadro 4.1
Composición del número de registro de operador UAS: parte pública y caracteres reservados.

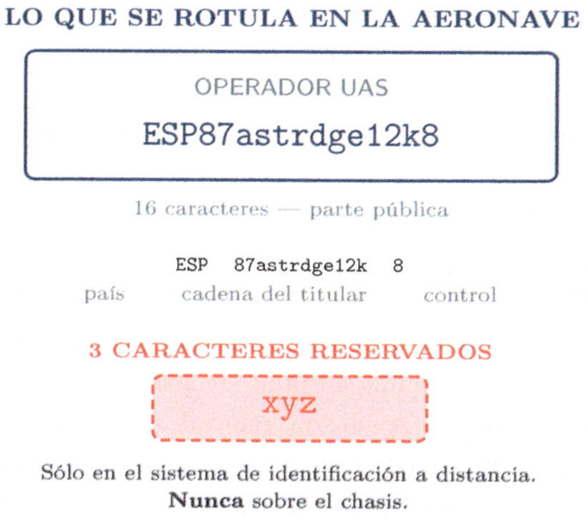

Figura 4.2
Estructura del número de operador: qué se rotula y qué no

► Los tres caracteres reservados no van en la pegatina

Ésta es la distinción práctica que más errores provoca:

En el marcado físico del dron se rotula **únicamente la parte pública** —los 16 caracteres—. Los tres caracteres reservados **no deben aparecer** sobre el chasis: cualquiera que fotografíe el dron podría leerlos.

En el sistema de identificación a distancia se introduce el número **completo**, incluidos los tres caracteres reservados. Sin ellos, el sistema no valida.

Dónde consultar los caracteres reservados

Los tres caracteres de seguridad se consultan accediendo a tu perfil en la Sede Electrónica de AESA. Si al configurar el Remote ID de tu dron el sistema rechaza el número, lo más probable es que estés introduciendo sólo la parte pública.

La parte pública debe **marcarse en todas las aeronaves** del operador; el número completo se carga en el sistema de identificación a distancia de aquellas que lo incorporen.

► Vigencia del registro

El registro no es indefinido. Los certificados de operador emitidos por AESA a partir del 25 de junio de 2024 tienen una **vigencia de 3 años** desde su expedición, renovable desde el propio portal. Operar con el registro caducado equivale a operar sin registro.

4.5 Identificación de Aeronaves: Local ID y Remote ID

4.5.1 Local ID: Marcas Físicas en el Dron

¿Qué es?

Marca física duradera colocada sobre la aeronave que permite identificarla sin acceder a sus sistemas. La obligación procede del **artículo 14 del Reglamento de Ejecución (UE) 2019/947**, que impone al operador **marcar su número de registro en todas las aeronaves** que emplee.

¿Qué debe llevar?

Lo exigible es la **parte pública del número de registro del operador** —los 16 caracteres—. Es un único dato, no una ficha con varios campos, y sin los tres caracteres reservados.

> ▶ No confundas el marcado del operador con el del fabricante
>
> Circula la idea de que hay que rotular en el dron el nombre del fabricante, el número de serie y los datos de contacto del operador. **No es así.** El nombre del fabricante y el número de serie los coloca el propio fabricante en cumplimiento del Reglamento (UE) 2019/945, y el teléfono o el correo del operador **no son exigibles** por la normativa europea. Lo que tú debes añadir es tu número de registro de operador.

Figura 4.3
Placa de identificación adherida a la aeronave

> **Lo exigible y lo añadido**
>
> Esta placa ilustra bien la diferencia entre una cosa y otra.
> **Exigible:** el número de registro del operador —los 16 caracteres de la primera línea—. Nada más.
> **Añadido por conveniencia:** el correo electrónico y el teléfono. La normativa no los pide, y ya vimos que tampoco forman parte de la obligación de marcado. Muchos operadores los incluyen de todos modos por una razón muy práctica: **si el dron se pierde y alguien lo encuentra**, un número de registro no le dice a quién devolverlo, pero un teléfono sí. Recuperar una aeronave depende más de eso que de cualquier trámite.
> **Ten en cuenta el reverso:** esos datos quedan expuestos a la vista de cualquiera que acceda al aparato. Si te preocupa, un correo de empresa cumple la misma función que uno personal sin exponer tu identidad.

Buenas prácticas de colocación:

- **Ubicación:** Lugar visible y accesible sin desmontar la aeronave.
- **Legibilidad:** Tamaño suficiente para leerse a simple vista con el dron en el suelo.
- **Material:** Duradero, resistente a la intemperie, al combustible y a la limpieza.
- **Permanencia:** La marca debe sobrevivir al uso normal. Una etiqueta que se despega no cumple.

Revisa el marcado periódicamente

Comprueba que la marca sigue siendo legible y sustitúyela si se deteriora. En una inspección, un número de operador ilegible se trata como número ausente.

4.5.2 Remote ID: Identificación Electrónica

Sistema que emite localmente los datos de la aeronave en vuelo, de modo que puedan recibirse sin acceso físico a ella. Está regulado en el Reglamento Delegado (UE) 2019/945.

Clases que lo incorporan:

- **Sí lo llevan:** C1, C2, C3, C5 y C6.
- **No lo llevan: C0** (drones de menos de 250 g) y **C4** (aeromodelismo sin control automático).

Datos que emite:

- Número de registro del operador UAS.
- Número de serie único de la aeronave.
- Posición geográfica de la aeronave y su altura.
- Rumbo y velocidad respecto al suelo.
- Posición del piloto remoto o, en su defecto, del punto de despegue.
- Estado de emergencia de la aeronave.

Se recibe con un teléfono corriente

El reglamento exige que la emisión pueda captarse con **dispositivos móviles de uso común**, lo que en la práctica limita la tecnología a **Wi-Fi o Bluetooth**. De ahí que el alcance sea el de esas tecnologías —decenas o pocos cientos de metros— y no un radio kilométrico. La identificación a distancia está pensada para que alguien en las inmediaciones pueda saber quién opera el dron que tiene encima, no para seguimiento a larga distancia.

▶ No transmite tus datos de contacto

La emisión incluye el **número de registro del operador**, no tu nombre, teléfono ni correo. Quien reciba la señal obtiene un identificador; sólo la autoridad competente puede asociarlo a tu identidad consultando el registro. Tampoco emite «dirección OACI»: eso pertenece a la aviación tripulada.

4.6 Seguro de Responsabilidad Civil

El seguro no lo regula el Reglamento (UE) 2019/947, sino el **Reglamento (CE) 785/2004** sobre requisitos de seguro de las compañías y operadores aéreos, completado en España por el **Real Decreto 517/2024** y el **Real Decreto 37/2001**.

4.6.1 Cuándo es obligatorio

Supuesto	**¿Obligatorio?**	**Cobertura mínima**
Abierta A1, MTOM < 20 kg	No exigible	—
Abierta A3, MTOM < 20 kg	No exigible	—
Abierta A2	Sí	220.000 DEG (RD 37/2001)
Aeronaves de MTOM ≥ 20 kg	Sí	750.000 DEG (Reg. 785/2004)
Categoría específica	Sí	Según MTOM y alcance de la operación
Categoría certificada	Sí	Según MTOM y alcance de la operación

Cuadro 4.2
Exigencia de seguro de responsabilidad civil según el supuesto de operación, conforme al Reglamento (CE) 785/2004.

Los importes van en DEG, no en euros

Las coberturas mínimas se expresan en **Derechos Especiales de Giro** (DEG), la unidad de cuenta del Fondo Monetario Internacional, no en euros. Su contravalor **fluctúa a diario**, de modo que cualquier cifra en euros que leas quedará desfasada. Consulta el tipo vigente al contratar la póliza.

▶ «Abierta no necesita seguro» es una simplificación peligrosa

La exención alcanza únicamente a las subcategorías **A1 y A3 con aeronaves de menos de 20 kg**. La subcategoría **A2 sí exige seguro**, pese a estar dentro de la categoría Abierta. Y la exención es sólo de la obligación legal de asegurar: la **responsabilidad civil por los daños que causes sigue siendo tuya**, asegurada o no.

4.7 Regla de Estado Miembro Único

Punto crítico según EASA:

- **No se puede estar registrado en más de un Estado miembro a la vez.**
- El registro debe realizarse en el Estado de **residencia** o donde se desarrolle la **actividad económica**.
- Si cambias de país, debes actualizar el registro.

Operaciones Internacionales

Si operates en múltiples países, tu registro español (AESA) es válido. Pero debes registrarte en el país donde residas o tengas actividad económica principal.

4.8 Documentación Permanente

Debes mantener durante toda operación:

- Certificado de registro de operador válido, expedido por la autoridad competente del Estado Miembro.
- Certificado de Piloto (vigente).
- Póliza de Seguro (vigente) — si aplica.
- Manual de Operaciones (actualizado).
- Certificado Técnico de Aeronave (si aplica).
- Logbook de operaciones (especialmente Specific).

Obligación de notificar cambios en 30 días:

- Domicilio, contacto
- Certificación (A1/A3 → A2).
- Nuevas aeronaves
- Procedimientos operacionales
- Cobertura de seguro.

4.9 Casos Prácticos

4.9.1 Caso 1: Aficionado con dron de clase C1

María compra un dron de clase C1 (724 g) y quiere volar de forma recreativa.

1. Obtiene el **certificado A1/A3**. Al ser un C1 vuela en subcategoría A1, y ese certificado basta: no necesita el A2.
2. Accede a la Sede Electrónica de AESA e se identifica con certificado digital, DNIe o Cl@ve.
3. Cumplimenta el formulario de registro como **persona física**.
4. Obtiene su **número de registro de operador**.
5. **Marca el dron** con ese número.
6. Carga el número en el sistema de identificación a distancia del dron.

Documentación a conservar: certificado de registro, certificado A1/A3.

Seguro: al volar en A1 con menos de 20 kg, no le es exigible, aunque sigue siendo responsable de los daños que cause.

4.9.2 Caso 2: Dron de menos de 250 g con cámara

Juan tiene un dron de 200 g con cámara 4K.

¿Debe registrarse?

Sí. Aunque su masa esté por debajo de 250 g, incorpora un **sensor capaz de captar datos personales**. Ese criterio, por sí solo, obliga a registrarse como operador.

Matiz sobre el piloto: si el dron es de clase C0, para volarlo en A1 no se le exige certificado de competencia; basta con conocer el manual del fabricante. Registro de operador y certificado de piloto son obligaciones independientes: puede darse una sin la otra.

4.9.3 Caso 3: Empresa que opera bajo escenario estándar

AeroDrones SL quiere inspeccionar infraestructuras acogiéndose al **STS-01**.

1. La empresa se registra como **persona jurídica** y obtiene su número de operador.
2. Contrata el **seguro de responsabilidad civil** exigible según la MTOM de sus aeronaves.
3. Verifica que dispone de una aeronave de **clase C5**, que es la que habilita el STS-01.
4. Comprueba que sus pilotos poseen el **certificado de escenario estándar**, distinto del A2.
5. Elabora el **manual de operaciones** y los procedimientos exigidos por el escenario.
6. Presenta la **declaración** de operación conforme al STS-01 ante AESA.
7. Marca todas sus aeronaves con el número de operador.

Declaración, no autorización

Acogerse a un escenario estándar se resuelve mediante **declaración**: no hay que esperar a que la autoridad resuelva, ni redactar un SORA. Si la operación no encajara en el STS-01, el camino sería la autorización operacional, que sí exige evaluación de riesgos y se trata en el Capítulo 7.

Documentación a conservar: registro, declaración STS, manual de operaciones, seguro, certificados de los pilotos y registros de vuelo.

4.10 Preguntas Frecuentes

4.10.1 ¿Debo registrarme si solo tengo un dron de juguete?

Respuesta: Depende. Si el dron de juguete <250g y **sin sensores de captura de datos** (sin cámara, sin micrófono), conforme Directiva 2009/48/CE, NO necesitas registrarte. Si tiene cámara, debes registrarte.

4.10.2 ¿El número de operador es permanente?

Respuesta: El número te identifica de forma estable y **no cambia aunque cambies de dron o amplíes la flota** — se registra el operador, no la aeronave. Pero el registro **sí caduca**: los certificados emitidos por AESA desde el 25 de junio de 2024 tienen una vigencia de **3 años**, renovable desde el portal. Conviene anotar la fecha de vencimiento, porque volar con el registro caducado equivale a volar sin registro.

4.10.3 ¿Puedo registrarme en dos países a la vez?

Respuesta: No. Según AESA, no puedes estar registrado en más de un Estado miembro. Debes registrarte donde residas o donde desarrolles actividad económica.

4.10.4 ¿Cuánto cuesta el registro?

Respuesta: En España, la tramitación es **GRATUITA**. Los costes asociados son: formación, certificados, seguros, pero no la tramitación en sí.

4.11 Resumen

1. **Se registra el operador, no la aeronave** — El número obtenido cubre toda tu flota. La matriculación individual de aeronaves sólo existe en la categoría Certificada.
2. **Criterios de registro** — MTOM igual o superior a 250 g, **o** energía de impacto superior a 80 J, **o** sensor capaz de captar datos personales. Basta con cumplir uno.
3. **Un dron de menos de 250 g con cámara obliga a registrarse** — El peso no exime cuando hay sensor.
4. **Marcado** — Lo exigible es la **parte pública del número de operador** (16 caracteres) sobre la aeronave. Ni el nombre del fabricante ni tus datos de contacto forman parte de esa obligación.
5. **Los 3 caracteres reservados** — Nunca en la pegatina; sí en el sistema de identificación a distancia, donde se introduce el número completo.
6. **Identificación a distancia** — La incorporan las clases C1, C2, C3, C5 y C6. **No** la llevan C0 ni C4. Emite el número de operador, no tu identidad.
7. **Registro y autorización son trámites distintos** — Inscribirse como operador no habilita ninguna operación por sí solo.
8. **Vigencia** — El registro caduca a los **3 años** y hay que renovarlo. La tramitación en España es gratuita.
9. **Seguro** — No exigible en Abierta A1 y A3 con menos de 20 kg; **sí en A2** y en el resto de supuestos. Los mínimos se expresan en DEG, no en euros.
10. **Un solo Estado miembro** — Debes registrarte donde residas o tengas tu centro de actividad, y el registro vale en todo el espacio EASA.

4.12 Referencias Normativas

Fuentes Oficiales

- (UE) 2019/947, artículo 14 — Registro de operadores de UAS.
- (UE) 2019/945, Anexo — Identificación técnica (Local ID, Remote ID).
- Real Decreto 517/2024 — Transposición España.
- AESA — Portal Operadores UAS (información oficial).

- **AESA (Autoridad Española de Aviación Civil).**
  https://www.seguridadaerea.gob.es/
- **EASA UAS Regulations.**
  https://www.easa.europa.eu/en/regulations/
  ↪ unmanned-aircraft-systems-uas
- **Real Decreto 517/2024 (España).**
  https://www.boe.es/buscar/act.php?id=/
  ↪ BOE-A-2024-11377

Capítulo 5

Espacio Aéreo, U-Space y ATC

5.1 Introducción

El espacio aéreo es un recurso compartido entre aviación tripulada, drones (UAS) y otros usuarios. La regulación (UE) 2019/947 establece requisitos para que los operadores UAS integren operaciones de forma segura en el espacio aéreo europeo existente.

Este capítulo cubre: (1) clasificación del espacio aéreo; (2) restricciones y prohibiciones; (3) U-Space (nuevo concepto EASA); (4) coordinación con ATC; y (5) procedimientos prácticos de consulta de restricciones.

Objetivo del Capítulo

Entender cómo navegar el espacio aéreo como operador UAS, cuándo coordinar con ATC, qué es U-Space, y cómo consultar restricciones antes de cada operación.

5.2 Clasificación del Espacio Aéreo Europeo

La clasificación del espacio aéreo no procede de la normativa de drones

Conviene situar bien las fuentes. El Reglamento (UE) 2019/947 regula *operaciones* con drones, pero **no clasifica el espacio aéreo**. La estructura y las clases del espacio aéreo provienen del **Anexo 11 de OACI** y, en Europa, del **Reglamento (UE) 923/2012** —el reglamento SERA, de reglas del aire comunes—. Como piloto de dron te afectan, pero no las encontrarás en la normativa UAS.

5.2.1 Volúmenes de Espacio Aéreo

Volumen	Sigla	Qué es
Zona de control	CTR	Espacio controlado en torno a un aeródromo, desde la superficie hasta un límite superior determinado
Área de control terminal	TMA	Espacio controlado en la confluencia de rutas, normalmente sobre uno o varios aeródromos
Área de control	CTA	Espacio controlado desde un límite inferior definido hacia arriba
Región de información de vuelo	FIR	Ámbito en que se presta servicio de información de vuelo y alerta
Espacio aéreo U-space	—	Volumen designado por el Estado donde las operaciones UAS se someten a servicios U-space

Cuadro 5.1
Volúmenes de espacio aéreo con los que puede encontrarse un operador UAS.

▶ Las dimensiones concretas hay que consultarlas, no memorizarlas

Los CTR y TMA **no tienen medidas estándar**. Su forma, radio y límites verticales los fija cada Estado para cada aeródromo y se publican en el **AIP** nacional. Cualquier cifra genérica que leas —«radio de 5 km», «hasta 1.000 pies»— es orientativa en el mejor de los casos y engañosa en el peor.

5.2.2 Clases de Espacio Aéreo OACI

Las clases van de la A a la G y determinan qué servicio se presta y qué separación se garantiza:

Clase	Tipo	Rasgo principal
A	Controlado	Sólo vuelo instrumental. Todos los vuelos reciben separación
B	Controlado	Instrumental y visual, todos separados entre sí
C	Controlado	Instrumental separado de todo; visual separado del instrumental
D	Controlado	Instrumental separado entre sí; al visual se le da información de tráfico
E	Controlado	Instrumental separado entre sí; el visual no necesita autorización
F	No controlado	Servicio de asesoramiento. Apenas se emplea en Europa
G	No controlado	Sólo servicio de información de vuelo

Cuadro 5.2

Clases de espacio aéreo OACI: de la A a la E controladas, F y G no controladas.

Lo que importa retener

De la A a la E el espacio es **controlado**; F y G son **no controlados**. Que un espacio sea no controlado no significa que puedas volar libremente: las **zonas geográficas UAS** pueden restringirlo igualmente.

5.3 Restricciones por Categoría Operativa

5.3.1 Categoría Open

Según (UE) 2019/947:

- **Altitud máxima:** 120 metros sobre nivel del terreno (AGL).
- **VLOS obligatorio:** Alcance visual del piloto.
- **Espacio aéreo:** Típicamente excluido de CTR, TMA, CTA. Verifica restricciones locales.
- **ATC:** NO requiere coordinación previa (operación es de bajo riesgo).

Excepción: Zonas Cercanas a Aeropuertos

Aunque voles a 120m en Open, si estás dentro de CTR (zona de control de aeropuerto), necesitas autorización de ATC o estar en area excluida documentada.

5.3.2 Categoría Specific

- **Altura máxima:** La que fije tu autorización o el escenario estándar aplicable. Los STS-01 y STS-02 mantienen el límite de **120 metros**; superarlo requiere autorización operacional que lo contemple expresamente.
- **VLOS:** Puede eximirse para operaciones BVLOS debidamente autorizadas.
- **ATC:** Coordinación obligatoria si la operación entra en espacio aéreo controlado (clases **A a E**).

▶ Desconfía de los techos «típicos»

Circulan cifras como «hasta 400 m en Specific». **No existe tal límite genérico.** La altura autorizada sale del análisis de riesgos de tu operación concreta y de lo que la autoridad acepte, y puede ser muy inferior a los 120 metros de la categoría Abierta si el entorno lo aconseja.

▶ Coordinación ATC es Crítica en Specific

Operar en Specific sin coordinación ATC en zona controlada es ILEGAL. AESA puede denegar autorización.

5.3.3 Categoría Certified

- **Altitud máxima:** Sin límite regulatorio (definida en certificado operacional).
- **VLOS:** No requerido.
- **Espacio aéreo:** Integración completa en espacio aéreo convencional.
- **ATC:** Coordinación obligatoria (igual que aviación tripulada).

5.4 Zonas Prohibidas y Restricciones

5.4.1 Prohibiciones Automáticas

Conviene distinguir dos cosas que suelen mezclarse: las **limitaciones propias de la categoría Abierta** y las **zonas geográficas UAS** que define cada Estado.

Limitaciones de la categoría Abierta (Reglamento (UE) 2019/947):

1. **Sobrevuelo de aglomeraciones**: prohibido en las tres subcategorías y en todas las clases.
2. **Sobrevuelo de personas ajenas**: sólo lo permite la clase C0 en A1. La subcategoría A2 exige 30 metros, o 5 con modo de baja velocidad.
3. **Altura**: máximo 120 metros sobre el punto más próximo del terreno.
4. **VLOS**: obligatorio

Zonas geográficas UAS (artículo 15 del mismo reglamento):

Cada Estado puede delimitar zonas donde el vuelo queda **prohibido**, **restringido** o **condicionado** a requisitos concretos. Es aquí, y no en una lista europea cerrada, donde se sitúan las restricciones sobre:

- Entornos aeroportuarios
- Infraestructuras críticas y sensibles.
- Instalaciones militares y penitenciarias.
- Espacios naturales protegidos.
- Zonas activadas temporalmente por eventos.

Una zona geográfica UAS es un concepto jurídico, pero a veces tiene manifestación física.

Figura 5.1
Señalización de zona prohibida en las inmediaciones del aeropuerto de Múnich

El cartel de la fotografía, en el entorno del aeropuerto de Múnich, merece leerse entero. Prohíbe el vuelo, sí, pero además **pide comunicar los avistamientos de drones al gestor aeroportuario** y facilita un teléfono para hacerlo. Conviene retener esa segunda parte: estas zonas no sólo están delimitadas sobre el papel, están vigiladas, y quien te vea despegar tiene a quién llamar.

► La ausencia de señal no significa que puedas volar

Es la inferencia peligrosa, y conviene desactivarla: **las zonas geográficas UAS no se señalizan sobre el terreno**. Ni siquiera la mayoría.

Un aeropuerto grande pone carteles porque tiene perímetro y presupuesto. Pero una zona restringida sobre un espacio natural protegido, sobre una instalación penitenciaria o activada temporalmente por un acto público **no tiene por qué llevar ningún cartel**, y te obliga exactamente igual.

La única forma fiable de saber dónde puedes volar es **consultar la fuente oficial antes de despegar**. Lo que ves sobre el terreno es, en el mejor de los casos, un recordatorio; nunca el mapa.

► No hay una lista europea única de zonas prohibidas

Las zonas geográficas UAS las define **cada Estado** y varían de un país a otro, e incluso dentro del mismo país a lo largo del tiempo. Por eso la consulta previa no es un formalismo: es la única forma de saber si puedes volar donde pretendes.

5.4.2 Tráfico Tripulado Donde No lo Esperas

Existe una idea instalada que conviene desmontar: que el tráfico tripulado vive en los aeropuertos y por encima de los 120 metros, de modo que basta con alejarse de un aeródromo para tener el aire para uno solo. En un entorno urbano, esa idea es sencillamente falsa.

Figura 5.2

Helipuerto en cubierta hospitalaria. Un helicóptero sanitario opera aquí a baja cota, en pleno tejido urbano y a kilómetros del aeropuerto más próximo.

Un helipuerto hospitalario concentra todo lo que hace peligroso a este tráfico:

- **Vuela bajo.** La aproximación y el despegue se desarrollan en la misma franja de altura que ocupa un dron en categoría Abierta.
- **No sigue horario.** Un vuelo sanitario se activa cuando surge la emergencia. No hay patrón que memorizar ni ventana que evitar.
- **Sus trayectorias se extienden más allá del helipuerto.** La senda de aproximación puede sobrevolar manzanas enteras a varias calles de distancia de la plataforma.
- **No siempre está señalizado ni cartografiado.** Algunos Estados delimitan una zona geográfica UAS alrededor de estas instalaciones y otros no. Que no aparezca en la aplicación no significa que no haya helicópteros.

▶ Si ves u oyes un helicóptero, aterriza

No es una recomendación de cortesía. La aeronave tripulada tiene **prioridad de paso** y quien está obligado a evitar el riesgo de colisión es el piloto a distancia, que además es el único de los dos que puede maniobrar sabiendo dónde está el otro: desde una cabina, un dron pequeño es prácticamente invisible.

La respuesta correcta no es apartarse lateralmente ni ganar altura para «verlo mejor», sino **descender y aterrizar de inmediato**, y no reanudar hasta que la aeronave se haya alejado.

Añade a tu reconocimiento previo del emplazamiento una pregunta que casi nadie se hace: **¿hay un hospital con helipuerto cerca?** También merecen esa comprobación las bases de bomberos, los helipuertos policiales y las zonas de trabajo aéreo —extinción de incendios, tendidos eléctricos, fotografía aérea—, todos ellos operaciones a baja cota y fuera del entorno aeroportuario.

5.4.3 Restricciones Variables

Zonas que varían según país, tiempo y eventos:

- Zonas militares (MOA — Military Operating Area).
- Eventos especiales (conciertos, manifestaciones, etc.).
- Zonas de helicópteros médicos.
- Procedimientos ATC temporales.

¿Cómo consultar?

Antes de cada operación, consulta:

1. **NOTAM** (Notices to Airmen) — Avisos de navegación aérea.
2. **Mapa AIP** (Aeronautical Information Publication) de tu país.
3. **Autoridad nacional** (AESA en España).
4. **Aplicaciones UAS** (algunos países tienen apps de restricciones).

5.5 U-Space: El Nuevo Concepto EASA

5.5.1 ¿Qué es U-Space?

U-Space es el concepto EASA para integrar operaciones UAS en zonas urbanas y semiurbanas mediante servicios digitales y coordinación automática.

Definición según EASA:

"U-space es un conjunto de servicios basados en tecnología digital que permitirá la integración segura, eficiente y protegida de operaciones de aeronaves no tripuladas en el espacio aéreo de baja altitud".

Estado Actual de U-Space (2026)

U-Space está en fase de implementación progresiva. **NO está completamente operativo en toda Europa**. Diferentes países están en diferentes fases.

5.5.2 Componentes de U-Space

El Reglamento de Ejecución (UE) 2021/664 establece **cuatro servicios obligatorios** en todo espacio aéreo U-space:

Servicio obligatorio	Función
Identificación en red	Procesa de forma continua la identificación del UAS durante todo el vuelo y la pone a disposición de los usuarios autorizados
Geoconciencia	Facilita al operador la información sobre condiciones operativas y limitaciones del espacio aéreo aplicables
Autorización de vuelo UAS	Concede al operador la autorización correspondiente a cada vuelo concreto
Información de tráfico	Informa al operador sobre el tráfico presente en las inmediaciones de su operación

Cuadro 5.3
Servicios obligatorios del U-space y función de cada uno.

Servicios de apoyo:

- **Información meteorológica**
- **Monitorización de conformidad**, que verifica que el vuelo se ajusta a lo autorizado.

Además, cada Estado puede exigir servicios adicionales en función de la evaluación de riesgos del espacio aéreo que designe.

▶ «Deconflicción automática» no es un servicio del reglamento

Se atribuyen a U-space funciones que no figuran en la norma, como la resolución automática de conflictos entre drones o la notificación automática a ATC. Los servicios obligatorios son **los cuatro de la tabla**. Un proveedor puede ofrecer prestaciones adicionales, pero conviene no confundir su catálogo comercial con lo que el reglamento exige.

5.5.3 Estado de Implantación

No existe un calendario europeo por fases

Circulan hojas de ruta con «fases» y listas de ciudades piloto y años concretos. **El reglamento no establece nada de eso.** Los reglamentos U-space son aplicables desde el **26 de enero de 2023**, pero su despliegue efectivo depende de que **cada Estado designe** volúmenes concretos como espacio aéreo U-space, previa evaluación de riesgos.
Mientras tu Estado no designe un espacio aéreo U-space, el marco existe pero no se aplica sobre el terreno. Consulta a la autoridad nacional qué volúmenes hay designados y desde cuándo.

5.5.4 Operadores de Servicios U-Space (USSP)

¿Quién opera U-Space?

Operadores privados certificados como USSP (U-Space Service Provider) bajo regulación EASA.

Requisitos para operador UAS en zona U-Space:

1. Registrarse en plataforma U-Space designada.
2. Mantener conectividad con sistema U-Space.
3. Cumplir restricciones de geofencing automáticas.
4. Transmitir posición en tiempo real.

▶ U-Space es Obligatorio donde Está Designado

Si AESA designa tu zona como U-Space obligatoria, **debes participar**. No es opcional.

5.6 Coordinación con ATC

5.6.1 ¿Cuándo Necesitas Coordinar?

Coordinación obligatoria en:

- **Espacio aéreo controlado** (Clase A, B, C, D según ICAO).
- **CTR (Control Zone)** de aeropuertos.
- **Operaciones Specific/Certified** en zonas con tráfico aéreo.
- **Altitudes que interfieran** con rutas de aviación convencional.

NO requiere coordinación previa:

- Operaciones Open (<120m AGL, fuera de zonas especiales).
- U-Space (coordinación automática vía plataforma).
- Zonas designadas de operaciones UAS exclusivas.

5.6.2 Procedimiento de Coordinación

Paso 1: Identificar ATC competente

- CTR de aeropuerto cercano.
- ACC (Area Control Center).
- Autoridad de espacio aéreo.

Paso 2: Contactar con anticipación

- Con la antelación que exija el proveedor de servicios de navegación aérea. Cada uno publica la suya; no hay un plazo europeo común.
- Proporcionar: zona de operación, altura máxima, horario y aeronave.
- Enviar la documentación que se te requiera: evaluación de riesgos y plan operacional.

Paso 3: Obtener clearance

- ATC aprueba o deniega basado en tráfico.
- Proporciona restricciones específicas.
- Emisión de NOTAM si es necesario.

Paso 4: Notificación pre-vuelo

- Confirmar 1 hora antes de vuelo.
- Proporcionar detalles finales (horario exacto, piloto).
- Obtener frecuencia de contacto si está activo durante vuelo.

5.6.3 Fraseología OACI para UAS

Si estableces comunicación por radio con ATC:

Requisito mínimo: **Competencia en inglés Level 4 OACI**

Fraseología básica:

- "Callsign" de tu operación (ej: "AeroDrones One").
- Descripción de aeronave ("Unmanned Aircraft, DJI M300").
- Posición, altitud, velocidad.
- Intención ("Proceeding to waypoint Alpha at altitude 300 feet").

Muchas Operaciones No Requieren Radio

Operaciones Open y muchas Specific NO requieren comunicación radio si está coordinado previamente con ATC.

5.7 Casos Prácticos

5.7.1 Caso 1: Open a 100m Lejos de Aeropuerto

Juan vuela dron Open a 100m AGL en zona rural, 15km de aeropuerto.

1. Consulta NOTAM (via web o app).
2. Verifica mapa de restricciones (AESA app).
3. Confirma: No CTR, no TMA, no zona prohibida.
4. **ATC:** NO requiere coordinación (operación Open lejana).
5. Vuela sin restricciones adicionales.

5.7.2 Caso 2: Specific BVLOS Cerca de CTR

AeroDrones realiza inspección BVLOS en zona próxima a CTR de Madrid.

1. Prepara SORA (evaluación de riesgos).
2. **Contacta con el proveedor de servicios de navegación aérea** con la antelación que tenga publicada.
3. Proporciona: zona, altitud (300m), duración (2 horas), horario.
4. ATC evalúa tráfico aéreo.
5. ATC aprueba o deniega con restricciones.
6. Día de vuelo: Notifica 1 hora antes.
7. Durante vuelo: Respeta restricciones, puede estar activo en frecuencia.

5.7.3 Caso 3: Operación en Espacio Aéreo U-space

María quiere operar profesionalmente en un volumen que su Estado **ha designado** como espacio aéreo U-space.

1. **Comprueba la designación**: consulta a la autoridad nacional qué volúmenes están designados y cuáles son sus límites exactos.
2. **Selecciona un USSP** certificado que preste servicio en ese volumen.
3. **Se da de alta** y verifica que su aeronave puede cumplir el servicio de identificación en red.
4. **Consulta la geoconciencia**: condiciones operativas y limitaciones vigentes.
5. **Solicita la autorización de vuelo** a través del USSP, para ese vuelo concreto.
6. **Opera** recibiendo información de tráfico durante la operación.

▶ Comprueba antes si el U-space te aplica realmente

Antes de dar por hecho que tu ciudad opera bajo U-space, verifícalo. El marco es aplicable desde 2023, pero **sólo rige donde el Estado ha designado formalmente un volumen**. En muchos lugares de Europa aún no hay ninguno, y la operación se rige entonces por las reglas generales de este capítulo.

5.8 Herramientas Prácticas de Consulta

5.8.1 NOTAM (Notices to Airmen)

¿Qué es? Avisos de navegación aérea sobre restricciones temporales

¿Cómo consultar?

- NOTAM EASA: https://www.notam.be (centralizado).
- NOTAM nacional: AESA (España).
- Apps UAS: Algunas apps tienen integración NOTAM.

Ejemplo NOTAM:

```
W4523/24 NOTAM LEMD (Madrid Barajas)
UNMANNED AIRCRAFT OPERATIONS PROHIBITED
AREA: RADIUS 2KM CENTER 40.45N 003.73W
FROM: 2024-08-15 08:00 TO: 2024-08-15 18:00
```

5.8.2 AIP (Aeronautical Information Publication)

¿Qué es? Documento oficial de espacio aéreo por país

¿Dónde?

- AESA AIP para España.
- Cada país publica su AIP.
- Incluye: cartas de espacio aéreo, restricciones, contactos ATC.

5.8.3 Aplicaciones UAS

Varias autoridades europeas ofrecen apps con mapas de restricciones:

- AESA App (España).
- Geofencing integrado en algunos drones (DJI, Parrot).
- Apps de terceros (ej: OpenSky, AirMap).

Comprueba Antes de Volar

Consulta NOTAM + AIP + app de restricciones ANTES de cada vuelo. No es negociable.

5.9 Casos Especiales

5.9.1 Operaciones Transfronterizas

Si volas en múltiples países:

- Cada país tiene autoridad ATC distinta.
- NOTAM varían entre países.
- Coordinación es por país.
- U-Space también varía (algunos países aún no lo tienen).

5.9.2 Ejercicios Militares / Procedimientos Especiales

- MOA (Military Operating Area) — Zonas militares activas.
- NOTAM específico avisa de ejercicios.
- No puedes volar en MOA activa.
- Consulta NOTAM con anticipación.

5.10 Preguntas Frecuentes

5.10.1 ¿Puedo volar en cualquier altitud en Open?

Respuesta: No. Máximo 120m AGL en Open. Excepto en zona U-Space donde altitudes pueden ser menores.

5.10.2 ¿Necesito comunicación radio si coordino con ATC por escrito?

Respuesta: Generalmente no. Si coordinaste por escrito/email, puedes volar sin radio. Pero ATC puede requerir radio en algunos casos. Confirma.

5.10.3 ¿U-Space es gratuito?

Respuesta: Depende del USSP. Algunos USSP cobran tasa por operación. Varía por país/región.

5.10.4 ¿Qué pasa si vuela donde no está permitido?

Respuesta: Es una infracción administrativa. La cuantía de la sanción no la fija la normativa europea sino el régimen sancionador de cada Estado —en España, la Ley 21/2003 de Seguridad Aérea—, y varía mucho según la gravedad y las circunstancias. Consulta el régimen aplicable en tu país. Más allá de la multa, el riesgo real es el que generas para la aviación tripulada.

5.11 Resumen

1. **La clasificación del espacio aéreo no está en la normativa de drones** — Procede del Anexo 11 de OACI y del Reglamento (UE) 923/2012 (SERA). Clases **A a E** controladas; **F y G** no controladas.
2. **Los volúmenes no tienen medidas estándar** — Las dimensiones de cada CTR y TMA se publican en el **AIP** nacional. Desconfía de radios y techos «típicos».
3. **Categoría Abierta: 120 metros** — Sin coordinación ATC salvo que una zona geográfica UAS lo exija.
4. **Categoría Específica** — La altura la fija tu autorización o el escenario estándar; no existe un techo genérico de 400 metros. Coordinación obligatoria en espacio controlado.
5. **Zonas geográficas UAS** — Las define **cada Estado** conforme al artículo 15 del Reglamento (UE) 2019/947. No hay lista europea única.
6. **U-space: cuatro servicios obligatorios** — Identificación en red, geoconciencia, autorización de vuelo e información de tráfico. Meteorología y monitorización de conformidad son de apoyo.
7. **U-space sólo rige donde el Estado lo designa** — Aplicable desde el 26 de enero de 2023, pero sin calendario europeo por fases ni ciudades predeterminadas.
8. **Consulta NOTAM y AIP antes de cada vuelo** — Es la única forma de conocer restricciones temporales.

5.12 Referencias Normativas

Fuentes Oficiales

- **Reglamento (UE) 923/2012** (SERA) — Reglas del aire comunes y clasificación del espacio aéreo.
- **Anexo 11 de OACI** — Servicios de tránsito aéreo y clases de espacio aéreo.
- **Reglamento de Ejecución (UE) 2019/947**, artículo 15 — Zonas geográficas UAS.
- **Reglamento de Ejecución (UE) 2021/664** — Marco regulador del U-space y sus servicios.
- **Reglamento de Ejecución (UE) 2021/665** — Proveedores de servicios de tránsito aéreo en U-space.
- **Reglamento de Ejecución (UE) 2021/666** — Aeronaves tripuladas en espacio aéreo U-space.
- **Anexo 10 de OACI, Volumen II y Doc. 4444** — Fraseología y procedimientos de comunicación.
- **AIP** de cada Estado — Dimensiones reales de CTR, TMA y demás volúmenes.
- **Real Decreto 517/2024** — Desarrollo en España.

- NOTAM (Información de Tráfico Aéreo).
  https://www.notam.be
- AESA (Autoridad Española de Aviación Civil).
  https://www.seguridadaerea.gob.es/
- EASA (European Union Aviation Safety Agency).
  https://www.easa.europa.eu/en/domains/civil-aviation

Capítulo 6

Meteorología Aplicada a Drones

6.1 Introducción

Las condiciones meteorológicas son uno de los factores más críticos en las operaciones con sistemas de aeronaves no tripuladas (UAS). A diferencia de la aviación tripulada comercial, donde los pilotos reciben extensa formación en meteorología, muchos operadores de drones subestiman cómo el viento, la visibilidad, las nubes y otros factores afectan la seguridad y la legalidad de sus operaciones.

Conviene empezar deshaciendo un malentendido: el Reglamento (UE) 2019/947 **no contiene una tabla de límites meteorológicos**. Lo que impone es una obligación de **diligencia**: el piloto remoto debe comprobar antes de volar que las condiciones permiten realizar la operación con seguridad, y debe respetar las **limitaciones operativas que fije el fabricante** de su aeronave.

De ahí que el límite de viento aplicable no salga de un reglamento, sino del **manual de tu dron**. Y que dos aparatos volando el mismo día en el mismo campo puedan tener límites distintos.

Este capítulo cubre cómo interpretar datos meteorológicos aeronáuticos (METAR, TAF), entender parámetros clave (viento, visibilidad, nubes), aplicar límites operativos regulatorios, y consultar fuentes oficiales para planificación segura de vuelos.

Objetivos del Capítulo

Al completar este capítulo, comprenderás:

- Cómo leer e interpretar METAR, TAF y otras fuentes meteorológicas.
- Los límites operativos de viento, visibilidad y altitud según EASA.
- El impacto de fenómenos meteorológicos en operaciones UAS.
- Dónde obtener información meteorológica oficial y verificable.
- Cómo planificar vuelos considerando condiciones meteorológicas.
- Errores comunes en evaluación meteorológica y cómo evitarlos.

6.2 Meteorología Aeronáutica: Fundamentos

6.2.1 ¿Por qué la meteorología es crítica en operaciones UAS?

Los drones son aeronaves significativamente más ligeras y menos resistentes que las aeronaves pilotadas. Esto significa que:

- **Sensibilidad al viento:** Un dron de 2kg es más afectado por ráfagas de viento que un avión de 5 toneladas.
- **Rango de operación:** Vientos fuertes reducen drásticamente el rango operativo (BVLOS).
- **Estabilidad de vuelo:** Turbulencia e inestabilidad pueden ser incontrolables rápidamente.
- **Visibilidad requerida:** La categoría abierta requiere visión directa (VLOS); la meteorología afecta esto.

El Reglamento (UE) 2019/947 obliga al piloto remoto a comprobar, antes de iniciar el vuelo, que el entorno y las condiciones son compatibles con la operación prevista, y a mantener la aeronave en condiciones de completarla con seguridad. No fija cifras: remite a tu criterio y a las limitaciones del fabricante.

Relación con aviación tripulada

La aviación tripulada sigue categorías de visibilidad/nubosidad muy estrictas (VFR: Visual Flight Rules). Los drones, aunque menos restrictivos, deben cumplir límites mínimos de seguridad similares.

6.2.2 Fuentes de información meteorológica aeronáutica

Existen tres tipos de datos meteorológicos que los operadores UAS deben conocer:

1. **METAR** — Observaciones meteorológicas actuales en aeropuertos.
2. **TAF** — Predicciones meteorológicas de 24 a 30 horas.
3. **SIGMET / AIRMET** — Alertas de fenómenos meteorológicos peligrosos.

Todos estos datos son públicos y disponibles en portales nacionales e internacionales.

6.3 METAR: Observaciones Meteorológicas Actuales

6.3.1 ¿Qué es un METAR?

Un METAR (*METeorological Aerodrome Report*) es un informe codificado de las condiciones meteorológicas **observadas** en un aeródromo concreto. En la mayoría de aeródromos europeos se emite cada media hora, y en algunos cada hora; se publica además un informe especial (SPECI) cuando se produce un cambio significativo.

Ejemplo de METAR (Madrid-Barajas):

METAR Ejemplo

LEMD 101430Z 31008KT 280V340 9999 FEW040 SCT100 15/07 Q1018 NOSIG

Desglose:

- **LEMD** — Indicador de lugar OACI del aeródromo (Madrid-Barajas).
- **101430Z** — Día 10 del mes, 14:30 UTC (hora Zulú).
- **31008KT** — Viento de 310° a 8 nudos.
- **280V340** — La dirección ha oscilado entre 280° y 340°.
- **9999** — Visibilidad de 10 km o superior.
- **FEW040** — Nubes escasas (1–2 octavos) a 4.000 pies.
- **SCT100** — Nubes dispersas (3–4 octavos) a 10.000 pies.
- **15/07** — Temperatura 15 °C, punto de rocío 7 °C.
- **Q1018** — QNH de 1.018 hPa.
- **NOSIG** — Sin cambios significativos previstos en las próximas 2 horas.

Dos detalles del grupo de viento que suelen confundirse

El grupo de variación tiene reglas. La forma `dddVddd` sólo aparece cuando la dirección ha oscilado **60° o más pero menos de 180°**, y el rango debe contener la dirección media reportada. Si la oscilación alcanza o supera los 180°, o no puede determinarse, no se codifica así: se emplea `VRB` —viento variable—, como en `VRB03KT`.

El `9999` no significa «9.999 metros». Es el código de **visibilidad igual o superior a 10 km**. En el extremo opuesto, `0000` indica visibilidad inferior a 50 metros.

6.3.2 Parámetros clave del METAR para UAS

Parámetro	Unidad	Importancia para UAS
Viento	nudos (kt)	Compáralo con el límite del **manual de tu aeronave**. Atiende sobre todo a las rachas (grupo `G`)
Visibilidad	metros (m)	Condiciona tu capacidad real de mantener el VLOS, que es el criterio legal
Cobertura nubosa	octavos + pies	Una base de nubes baja limita el margen frente al tráfico tripulado
Temperatura	°C	El frío reduce apreciablemente la capacidad disponible de las baterías de litio
Punto de rocío	°C	Cuanto más próximo a la temperatura, mayor riesgo de niebla y de condensación en la óptica
QNH	hPa	Referencia altimétrica. Un descenso rápido anuncia empeoramiento

Cuadro 6.1

Parámetros del METAR con relevancia directa para una operación con dron.

6.3.3 ¿Dónde consultar METAR?

En España, la fuente oficial es **AEMET** (Agencia Estatal de Meteorología):

https://www.aemet.es/es/eltiempo/predicciones/aviacion

Otras fuentes de consulta:

- **Aviation Weather Center** (servicio meteorológico aeronáutico de EE. UU., de acceso libre y con cobertura mundial de METAR y TAF):
  https://aviationweather.gov/
- **Windy**, útil para visualizar la evolución del viento, aunque es un modelo de predicción y **no** una fuente aeronáutica oficial:
  https://www.windy.com/

▶ Distingue fuente oficial de aplicación de consulta

Las aplicaciones de consumo —incluidas las de los fabricantes de drones— son cómodas, pero **no son fuentes meteorológicas aeronáuticas oficiales**. Sirven para hacerte una idea; no para acreditar que comprobaste las condiciones.
Si tu operación requiere justificar esa comprobación —categoría específica, o simplemente prudencia ante una reclamación—, apóyate en el **METAR y el TAF** del aeródromo más próximo, obtenidos de AEMET o de otro servicio meteorológico aeronáutico, y déjalo anotado en tu registro de operaciones.

6.4 TAF: Predicciones Meteorológicas

6.4.1 ¿Qué es un TAF?

Un TAF (Terminal Aerodrome Forecast) es una predicción meteorológica de 24 a 30 horas para un aeropuerto específico. Diferencia del METAR:

- **METAR:** Observación actual (actualización cada 30 min).
- **TAF:** Predicción futura (válida por 24-30 horas).

Los TAF se emiten cada 6 horas (0000, 0600, 1200, 1800 UTC) y son cruciales para **planificación previa** de operaciones.

6.4.2 Estructura del TAF

Ejemplo de TAF (Madrid-Barajas):

TAF Ejemplo

LEMD 101700Z 1018/1118 31010KT 9999 FEW040 BECMG 1100/1102 24015G25KT 6000

Desglose:

- **LEMD** — Indicador de lugar OACI del aeródromo.
- **101700Z** — Emitido el día 10 a las 17:00 UTC.
- **1018/1118** — **Período de validez**: desde el día **10 a las 18:00 UTC** hasta el día **11 a las 18:00 UTC**.
- **31010KT** — Viento previsto del 310° a 10 nudos.
- **9999** — Visibilidad prevista de 10 km o superior.
- **FEW040** — Nubes escasas a 4.000 pies.
- **BECMG 1100/1102** — Cambio gradual entre las 00:00 y las 02:00 UTC del día 11.
- **24015G25KT** — Tras el cambio: viento del 240° a 15 nudos con rachas de 25.
- **6000** — Y visibilidad reducida a 6 km.

► El grupo de fechas es DDHH, no HHMM

Es el error de lectura más frecuente del TAF. En `1018/1118`, cada bloque de cuatro cifras son **día + hora**, no una hora de cuatro dígitos:

`10` → día 10 · `18` → 18:00 UTC   `11` → día 11 · `18` → 18:00 UTC

Leerlo como «desde las 10:18 hasta las 11:06» desplaza toda la previsión y puede llevarte a planificar con datos de un período que ya ha vencido. Lo mismo aplica a los grupos `BECMG` y `TEMPO`.

Grupos de cambio que conviene reconocer

- **BECMG** — Cambio **gradual** y permanente dentro del intervalo indicado.
- **TEMPO** — Fluctuaciones **temporales**, cada una de menos de una hora y en conjunto menos de la mitad del período.
- **PROB30** / **PROB40** — Probabilidad del 30 % o 40 % de que ocurra lo indicado.
- **FM** (*from*) — Cambio **rápido y completo** a partir de la hora señalada.

Para planificar un vuelo, los grupos `TEMPO` y `PROB` son los que más conviene vigilar: describen justo las condiciones que pueden sorprenderte a mitad de operación.

► Importancia de TAF para BVLOS

Si planificas un vuelo BVLOS (Beyond Visual Line of Sight) que durará 2-3 horas, **debes consultar TAF**. El METAR solo te dice condiciones ahora, no en 1-2 horas.

6.5 Límites Operativos: De Dónde Salen Realmente

6.5.1 Límites de viento

► No existe una tabla europea de límites de viento por subcategoría

Circulan tablas que asignan un viento máximo a cada subcategoría —12 m/s en A1, 10 m/s en A2 y demás—. **Esas cifras no están en la normativa.** El Reglamento (UE) 2019/947 no fija velocidades de viento, ni por subcategoría ni por categoría.
El límite que te obliga es el del **fabricante de tu aeronave**, publicado en su manual. Un dron de 249 g puede tener un límite de 8 m/s y otro de 4 kg soportar 12 m/s: la subcategoría no dice nada sobre la resistencia al viento.

Dónde encontrar tu límite real:

Ámbito	Origen del límite
Categoría Abierta	Manual del fabricante de la aeronave
Escenario estándar	Manual del fabricante, más las condiciones del propio STS
Autorización operacional	Las condiciones meteorológicas que fije tu autorización, además del manual
Categoría Certificada	Manual de vuelo aprobado y manual de operaciones

Cuadro 6.2
Origen real del límite de viento aplicable en cada ámbito operativo. La normativa europea no fija velocidades.

Conversión rápida: 1 m/s = 1,94 nudos = 3,6 km/h

Trata el límite del fabricante como techo, no como objetivo

La cifra del manual suele obtenerse en condiciones favorables y con la aeronave nueva. En operación real conviene dejar margen:

- Las **ráfagas** superan con holgura el viento medio que reporta un METAR.
- El **consumo** se dispara volando contra el viento, y la autonomía de retorno se acorta.
- Cerca de edificios y arbolado aparecen **turbulencias y rotores** que no figuran en ningún parte meteorológico.
- Una carga útil o unas hélices distintas alteran el comportamiento respecto al ensayo del fabricante.

La manga de viento: la única lectura que se hace en el lugar de la operación. Un METAR describe el aeródromo donde está el sensor, que puede quedar a decenas de kilómetros de tu zona de despegue. Si operas en un aeródromo, un aeroclub, un helipuerto o unas instalaciones que dispongan de manga, tienes delante un instrumento que mide exactamente el viento que va a encontrar tu aeronave.

Figura 6.1

Manga de viento aeronáutica normalizada. La boca apunta a barlovento: la manga señala hacia dónde va el viento, no de dónde viene.

La manga da dos informaciones distintas, y con fiabilidad muy distinta:

- **La dirección, con precisión.** La manga se orienta con el viento y su cola apunta a sotavento. Ojo con el sentido: el viento que un METAR reporta como `27010KT` **viene** del oeste, de modo que la cola de la manga apuntará al este. Es el error de lectura más habitual.
- **La velocidad, sólo de forma aproximada.** Una manga normalizada queda completamente extendida en horizontal con un viento del orden de 15 nudos (unos 28 km/h). Colgando muerta indica calma o viento muy flojo, y las posiciones intermedias se reparten entre ambos extremos. La calibración exacta depende del modelo, así que la manga sirve para decidir si el viento es asumible, no para anotar una cifra en el registro de la operación.

Lo que la manga te dice y el METAR no

Observa la manga durante un minuto antes de despegar. Si oscila de lado a lado o pasa de colgar a extenderse en pocos segundos, estás viendo **ráfagas y viento variable** en tiempo real: justo la información que el viento medio de un METAR promedia y esconde.

6.5.2 Límites de visibilidad

Tampoco aquí hay cifras reglamentarias. Lo que la normativa impone en categoría Abierta es una **condición funcional**: mantener el **VLOS**, es decir, ver la aeronave de forma continua y sin ayudas ópticas.

El VLOS es el criterio, y se degrada con la visibilidad

No existe un umbral legal de «30 metros de visibilidad mínima». La pregunta correcta no es cuántos metros marca el METAR, sino **si puedes seguir viendo tu dron** y determinar su actitud y trayectoria.
Con niebla, lluvia intensa o calima, el alcance visual efectivo cae mucho antes que la visibilidad meteorológica declarada: un METAR puede reportar 5.000 metros y no permitirte distinguir un dron pequeño a 150.

Cómo leer la visibilidad en un METAR:

- 9999 — Visibilidad de 10 km o superior. Condición favorable.
- 6000 — 6 km. Suficiente para aviación, pero comprueba tu alcance visual real sobre el dron.
- 1000 — 1 km. Niebla o precipitación intensa; mantener el VLOS será difícil o imposible.
- 0200 — 200 m. Condiciones de aeródromo prácticamente cerrado.

Comprueba tu alcance visual, no el del aeropuerto

El METAR se mide en el aeródromo, que puede estar a decenas de kilómetros. La comprobación que de verdad importa es empírica: eleva el dron unos metros, aléjalo progresivamente y observa a qué distancia dejas de distinguir su orientación. Ése es tu límite operativo real ese día.

6.5.3 Límites de altitud

La altitud máxima se define en dos contextos:

- **Altitud absoluta (AGL):** Altura sobre el terreno — límite regulatorio típico 120m (400 pies).
- **Altitud barométrica (MSL):** Altura sobre el nivel del mar — importa para espacio aéreo controlado.

Límites según regulación:

- **Categoría Abierta (A1, A2 y A3):** Máximo **120 metros** sobre el punto más próximo de la superficie terrestre.
- **Escenarios estándar STS-01 y STS-02:** También **120 metros**.
- **Autorización operacional:** La altura que fije la propia autorización, que puede ser superior o inferior a 120 metros según el análisis de riesgos. No existe un techo genérico.
- **Espacio aéreo controlado:** Exige coordinación con el proveedor de servicios de navegación aérea, sea cual sea la altura.

La medida es sobre el terreno, no sobre el despegue

Los 120 metros se cuentan desde el **punto más próximo de la superficie terrestre**, no desde donde despegaste. Volando hacia una ladera ascendente, el margen se consume aunque tu altímetro no varíe. En terreno con desnivel hay que adaptar la medición a la orografía.

6.5.4 Cobertura nubosa y nubes bajas

Aunque el Reglamento no especifica límites de cobertura nubosa estrictamente, sí menciona:

- **VLOS:** Debe mantenerse contacto visual continuo — nubes bajas (<200ft) pueden impedir esto.
- **Visibilidad:** Si hay niebla/nubes bajas, la visibilidad reportada en METAR se reduce.

Código de cobertura nubosa en METAR:

- **SKC / CLR** — Cielo despejado (0 octavos).
- **FEW** — Pocas (1-2 octavos).
- **SCT** — Dispersas (3-4 octavos).
- **BKN** — Nublado (5-7 octavos) — Problema para VLOS.
- **OVC** — Cubierto (8 octavos) — NO VUELA.

▶ Peligro: Nubes bajas y VLOS

Si METAR reporta "BKN020" (nublado a 2000 pies = 600m), técnicamente está despejado para vuelo. Pero si vuela a 100m, las nubes estarán a 500m encima y la visibilidad se reduce drásticamente. Ajusta tus límites mentales.

6.5.5 Condiciones meteorológicas peligrosas

La normativa no enumera fenómenos meteorológicos prohibidos, pero el deber del piloto remoto de asegurar que la operación puede realizarse con seguridad hace **inviables** las siguientes condiciones:

Condición	Razón y Impacto
Lluvia/Aguaceros	Daño a electrónica, reducción visibilidad, pérdida de GPS
Nieve/Granizo	Hielo en rotores, aumento peso, daño aeronave
Niebla	Visibilidad $<$30m, desorientación, colisión
Tormentas/Rayos	Descarga eléctrica, interferencia electrónica, vientos turbulentos
Vientos extremos	Pérdida de control, deriva incontrolada
Turbulencia severa	Inestabilidad de vuelo, pérdida de telemetría

Cuadro 6.3
Condiciones meteorológicas que hacen inviable la operación, y motivo por el que lo hacen.

Identificación en METAR:

- RA = Lluvia.
- SN = Nieve.
- TSRA = Tormenta con lluvia (NUNCA VUELA).
- CAVOK = Cielo claro, visibilidad $>$10km, sin fenómenos (condición IDEAL).

El cumulonimbo merece un apartado propio. De todos los fenómenos de la tabla anterior, hay uno que los concentra casi todos a la vez. El cumulonimbo —la nube de tormenta, de base oscura y gran desarrollo vertical— reúne turbulencia severa, corrientes descendentes, granizo, aparato eléctrico y cambios bruscos de viento en superficie. No es una condición meteorológica más: es la única que un piloto puede identificar a simple vista y que justifica por sí sola cancelar la operación.

Figura 6.2

Cumulonimbo en desarrollo. El crecimiento vertical y la base oscura son visibles mucho antes de que empiece a llover.

▶ El frente de racha llega antes que la lluvia

El error clásico consiste en usar la lluvia como señal de retirada. La tormenta expulsa aire frío hacia el suelo que se extiende por delante de la nube: ese **frente de racha** puede adelantarse varios kilómetros a la precipitación y provocar un salto repentino de viento y de dirección, con la nube todavía lejos y el cielo despejado sobre tu cabeza.

Para una aeronave ligera ese cambio es inasumible. La decisión de aterrizar se toma **cuando se ve crecer la nube**, no cuando caen las primeras gotas.

Cómo aparece en los partes meteorológicos

- `CB` — Cumulonimbus. Acompaña al grupo de nubes, por ejemplo `SCT025CB`.
- `TCU` — *Towering cumulus*, cúmulo de gran desarrollo. Es la fase previa: la nube aún no es una tormenta, pero va camino de serlo.
- `TS` — Tormenta, sola o combinada (`TSRA`, tormenta con lluvia; `TSGR`, con granizo).

Un `TCU` en el METAR de la mañana y un `TS` en el TAF de la tarde describen la misma masa de aire en dos momentos: conviene planificar la operación en la primera mitad del día.

6.6 Fuentes de Información Meteorológica Oficial

6.6.1 En España: AEMET

La **Agencia Estatal de Meteorología (AEMET)** es la fuente oficial de datos meteorológicos en España:

https://www.aemet.es/es/eltiempo/predicciones/
↪ aviacion

Funcionalidad de AEMET para UAS

AEMET proporciona:

- METAR en tiempo real de 50+ aeródromos españoles.
- TAF de 24-30 horas.
- Mapas de viento (mapa Webcam del viento).
- Alertas meteorológicas (SIGMET).

6.6.2 En Europa: Aviación EASA

Para operaciones transfronterizas o consulta de datos europeos:

https://www.easa.europa.eu/domains/
↪ airspace-safety

6.6.3 Herramientas especializadas para drones

Existen aplicaciones y portales diseñados específicamente para operadores UAS:

- **Windy** — Visualización de modelos de viento en altura y en superficie. Permite comparar distintos modelos, lo que da una idea de la incertidumbre de la previsión.
- **Aplicaciones de los fabricantes de drones** — Cómodas porque integran la previsión en la planificación de vuelo, pero se alimentan de modelos comerciales.

▶ Ninguna de ellas sustituye al METAR y al TAF

Estas herramientas son **ayudas de planificación**, no fuentes meteorológicas aeronáuticas. Emplearlas para hacerte una idea es razonable; apoyarte sólo en ellas para decidir si vuelas, no. Cuando necesites poder acreditar que comprobaste las condiciones —operación profesional, categoría específica, o simple prudencia ante una posible reclamación—, la referencia es el **METAR y el TAF** de un servicio meteorológico aeronáutico, y conviene dejar constancia en el registro de operaciones de qué consultaste y cuándo.

6.7 Casos Prácticos Verificables

6.7.1 Caso 1: Vuelo fotogramétrico en categoría A2 (construcción)

Escenario: Eres operador autónomo con certificado A2. Un cliente te contrata para fotografiar una obra en Madrid. Dron de **clase C2** (2 kg), cuyo manual declara una resistencia máxima al viento de **10,7 m/s**.

Paso 1: Consulta del METAR

Buscas el aeródromo más próximo, Madrid-Barajas (LEMD):

```
LEMD 101000Z 30015G22KT 280V340 6000 SCT080 BKN120
12/06 Q1015 NOSIG
```

Paso 2: Análisis

- **Viento:** 15 nudos sostenidos con rachas de 22. Convertido: **7,7 m/s sostenidos** y **11,3 m/s en racha**. El viento medio entra dentro del límite del fabricante, pero **las rachas lo superan**.
- **Dirección variable** entre 280° y 340°: viento inestable, lo que refuerza la señal de alerta.
- **Visibilidad:** 6 km. Suficiente para mantener el VLOS con un dron de este tamaño, pero conviene comprobarlo en el emplazamiento.
- **Nubosidad:** SCT080, dispersa a 8.000 pies. Sin incidencia a 120 m.
- **Temperatura:** 12 °C. Sin efecto relevante sobre la batería.

> ▶ La racha manda, no el viento medio
>
> Es el error de lectura más caro de este ejemplo. Muchos operadores comparan el límite del fabricante con el **viento sostenido** y dan el vuelo por viable. Pero un dron no se pierde por el viento medio: se pierde por la racha que lo desestabiliza en el momento de menor margen —maniobra próxima a un obstáculo, batería baja o retorno contra el viento—.
> Compara siempre el límite del manual con el valor del grupo `G`, no con el sostenido.

Paso 3: Consulta TAF para 10:00 UTC

TAF predicción para 1012-1018 UTC:

```
LEMD 101720Z 1012/1112 30015G24KT 6000 SCT080 BECMG
1018/1020 31018G28KT 5000
```

Análisis TAF:

- Viento aumentará a 18 kt con ráfagas 28 kt.
- Visibilidad disminuirá a 5000m (niebla/polvo).
- Cambio esperado 1018-1020 UTC (tu hora de vuelo).

Decisión:

Recomendación operativa

VUELO CONDICIONADO. Condiciones ahora aceptables, pero TAF indica deterioro. Opciones:

1. Adelanta vuelo a 0945 UTC (antes del cambio TAF).
2. Espera hasta mañana (más margen).
3. Solicita autorización específica para vientos mayores (si tienes más experiencia).

Recomendación: Adelanta a 0945 UTC. Condiciones prometedoras.

6.7.2 Caso 2: Vuelo BVLOS en categoría específica (inspección infraestructura)

Escenario: Tienes autorización específica EASA para inspeccionar línea de transmisión eléctrica (30 km de longitud, 4 horas de vuelo). Operación en zona rural. Dron: DJI M300 (25kg).

Análisis meteorológico previo:

Consultas METAR/TAF de 3 aeródromos cercanos (triangulación):

- Aeródromo A (5km norte): METAR 15 kt, TAF predice 20 kt en 2 horas.
- Aeródromo B (zona operativa): METAR 12 kt, TAF estable.
- Aeródromo C (5km sur): METAR 10 kt, TAF predice tormentas en 4 horas.

Decisión:

Tu autorización específica permite vientos hasta 15 m/s (29 kt) según SORA. Sin embargo:

- TAF de aeródromo A predice 20 kt — acercándose al límite.
- Aeródromo C predice tormentas en 4 horas — tu vuelo dura 4 horas exactamente.

▶ Rechazo de operación

NO VUELA. Aunque técnicamente dentro de límites, hay riesgo de:

- Vientos crecientes (20-25 kt posible).
- Tormenta durante vuelo (retorno de emergencia complicado).
- Margen de seguridad insuficiente (vientos = 15m/s, TAF = 20kt = 10.3m/s OK, pero creciente).

Pospón 24 horas. Meteogram de mañana más estable.

6.7.3 Caso 3: Operación nocturna con sistema de iluminación

Escenario: Operación nocturna autorizada con sistema de iluminación LED. Vuelo comercial de fotografía nocturna (proyecto fotográfico). Horario: 2030-2230 UTC.

Análisis:

METAR/TAF para período nocturno:

```
LEMD 201900Z 31012KT 9999 FEW040 10/05 Q1018 NOSIG
TAF LEMD 201700Z 2018/2118 31012KT 9999 FEW040
```

Verificación:

- **Viento:** 12 kt = **6,2 m/s**, sin grupo de rachas. Cómodamente dentro del límite de la mayoría de aeronaves.
- **Visibilidad:** 10 km o más. Favorable, aunque de noche lo determinante será el alcance de tus luces.
- **Nubosidad:** FEW040, sin incidencia.
- **Temperatura y punto de rocío:** 10 °C y 5 °C. Un margen de 5 °C es **holgado**; el riesgo de niebla y de condensación en la óptica aparece cuando ambos valores se aproximan a menos de 2–3 °C.
- **TAF** válido del día 20 a las 18:00 al día 21 a las 18:00 UTC, sin grupos de cambio: previsión estable para toda la operación.

Decisión:

Vuelo viable, con reservas propias del nocturno

Las condiciones meteorológicas son favorables y estables. Lo que conviene reforzar no es el margen meteorológico sino el operativo:

- **Luz verde intermitente** encendida durante todo el vuelo: es el requisito que hace legal el nocturno en categoría Abierta.
- **Reconocimiento previo del emplazamiento con luz diurna**, para localizar cables, grúas y arbolado que de noche no verás.
- **Margen de batería más amplio del habitual**: el frío reduce la capacidad disponible y de noche cuesta más juzgar la distancia de retorno.
- **Perímetro de vuelo acotado** a lo que realmente distingas: el VLOS sigue siendo obligatorio y de noche se acorta mucho.

6.8 Preguntas Frecuentes y Errores Comunes

6.8.1 ¿Puedo volar si METAR dice "calma" (0 nudos)?

Respuesta: Técnicamente sí, pero CUIDADO. Un METAR con "0 kt" significa viento promedio cero en el período de 10 minutos anterior. Esto **no excluye ráfagas locales**. La turbulencia térmica (viento ascendente de aire caliente) puede alcanzar 3-5 kt sin aparecer en METAR. Siempre hay movimiento de aire.

6.8.2 ¿TAF es más fiable que mi predicción meteorológica de aplicación?

Respuesta: Depende. TAF es oficial y certificado, pero tiene exactitud de ±30-60 minutos en cambios. Apps como Windy usan modelos numéricos (GFS, ECMWF) que pueden ser más precisos en corto plazo. **Mejor práctica:** Usa TAF para decisiones estratégicas (¿vuelo mañana?), apps para tácticas (¿a qué hora exacta?).

6.8.3 ¿Necesito permiso especial si el METAR reporta visibilidad reducida?

Respuesta: No existe un permiso ni un umbral legal ligado a la cifra del METAR. Lo que la normativa exige en categoría Abierta es que **mantengas el VLOS**, y la visibilidad reducida te impide cumplirlo mucho antes de llegar a ningún valor concreto.

Dicho de otro modo: la pregunta no es si el METAR permite volar, sino si **tú sigues viendo tu aeronave**. Si no puedes distinguir su orientación y trayectoria, estás incumpliendo, marque el METAR lo que marque. En categoría Específica, los mínimos serán los que fije tu autorización.

6.8.4 ¿Cómo afecta la altitud de mi operación a los límites METAR?

Respuesta: METAR reporta condiciones en la superficie del aeropuerto. Si tu operación es a 500m de altitud (AGL), las condiciones **pueden ser diferentes**. Temperatura típicamente cae 1°C cada 100m. Viento aumenta con altitud. Consulta predicciones en altura (TAF incluye capas de nubes a altitudes específicas).

6.8.5 Error común: Confundir nudos con km/h

Mito: "El METAR dice 20 nudos, eso es poco viento".

Corrección: un nudo es **1,85 km/h**, casi el doble. Veinte nudos no son 20 km/h sino **37 km/h**, que ya supera el límite declarado de muchos drones de gama media.

- 10 kt = 18,5 km/h = 5,1 m/s.
- 15 kt = 27,8 km/h = 7,7 m/s.
- 20 kt = 37,0 km/h = 10,3 m/s.
- 25 kt = 46,3 km/h = 12,9 m/s.

Convierte siempre a m/s antes de comparar

Los METAR vienen en **nudos**, pero los fabricantes suelen declarar la resistencia al viento en **metros por segundo**. Comparar sin convertir es el origen del error.
Atajo mental: **divide los nudos entre 2** y tendrás los m/s con un margen del 3 %. Veinte nudos 10 m/s.

6.8.6 ¿Qué significa la variación de viento, por ejemplo 280V340?

Respuesta: Que la dirección ha oscilado entre 280° y 340° durante el período de observación, en lugar de mantenerse estable. Suele darse con vientos flojos, en horas de calentamiento diurno o ante un cambio de régimen.

Dos matices sobre el código:

- Sólo se emplea si la oscilación es de **60° o más y menos de 180°**, y el rango incluye la dirección media reportada. Si es mayor o indeterminada, se codifica `VRB`.
- Un `VRB` con viento flojo es habitual y poco problemático; un `VRB` con viento fuerte indica inestabilidad y desaconseja volar.

Para el pilotaje, la dirección cambiante importa sobre todo al planificar el retorno: si calculaste la autonomía contando con viento de cola a la vuelta y éste rola, puedes quedarte corto.

6.9 Resumen

1. **Meteorología es crítica:** Condiciones meteorológicas afectan seguridad, legalidad y eficiencia operativa.
2. **Fuentes de datos:** METAR (observaciones actuales) y TAF (predicciones 24-30h) son fuentes oficiales.
3. **La normativa no fija cifras meteorológicas:** el Reglamento (UE) 2019/947 no establece máximos de viento ni mínimos de visibilidad. Tu límite de viento es el del **manual del fabricante**; tu límite de visibilidad es el **VLOS**.
4. **Leer bien el TAF:** el grupo de validez es **día+hora** (`1018/1118` = del día 10 a las 18:00 al día 11 a las 18:00 UTC), no una hora de cuatro dígitos.
5. **Análisis pre-vuelo:** Siempre consulta METAR + TAF antes de operar. Incluye margen de seguridad.
6. **Factores a considerar:**
   - Viento actual y predicción (ráfagas son el factor crítico).
   - Visibilidad (impacta VLOS).
   - Cobertura nubosa (nubes bajas peligrosas).
   - Temperatura (efecto en batería).
   - Fenómenos peligrosos (lluvia, tormenta, niebla).
7. **Herramientas disponibles:** AEMET (España), EASA (Europa), Windy, CheckWX (globales).
8. **Decisión conservadora:** Si hay duda, no vuela. Las condiciones meteorológicas cambian rápidamente.

6.10 Referencias Normativas

Normativa Oficial Aplicable

- **Reglamento de Ejecución (UE) 2019/947** — Deberes del piloto remoto y del operador. No fija límites meteorológicos numéricos.
  https://www.easa.europa.eu/en/regulations/
  ↪ unmanned-aircraft-systems-uas
- **EASA Special Conditions & Guidelines** — Interpretación de meteorología.
  https://www.easa.europa.eu/domains/
  ↪ unmanned-aircraft-systems
- **Real Decreto 517/2024 (España)** — Condiciones meteorológicas nacionales.
  https://www.boe.es/buscar/act.php?id=/
  ↪ BOE-A-2024-11377

6.10.1 Fuentes Meteorológicas Oficiales

AEMET (España):

https://www.aemet.es/es/eltiempo/
↪ predicciones/aviacion

EASA Aviation Weather:

https://www.easa.europa.eu/domains/
↪ airspace-safety

ICAO (Aviación Internacional):

https://www.icao.int/

Aviation Weather Center (USA):

https://www.aviationweather.gov/

Capítulo 7

Permisos y Trámites Administrativos

7.1 Introducción

La regulación EASA diferencia tres categorías operativas, cada una con requisitos administrativos distintos. Las operaciones de **Categoría Abierta** no requieren autorización previa; sin embargo, la mayoría de operaciones profesionales caen en **Categoría Específica**, que sí exigen un procedimiento formal de solicitud, evaluación y aprobación.

Este capítulo cubre el proceso completo de solicitud de autorización para operaciones específicas: cómo preparar la documentación, evaluar riesgos usando SORA, presentar la solicitud ante las autoridades competentes, y qué esperar durante la evaluación. También abordamos las diferencias administrativas entre categorías y proporcionamos casos prácticos reales.

Objetivo del Capítulo

Al completar este capítulo, comprenderás:

- Las diferencias administrativas entre Categoría Abierta, Específica y Certificada.
- Cuándo y cómo solicitar autorización (Specific).
- Documentación obligatoria según normativa EASA.
- Metodología SORA y evaluación de riesgos.
- Tiempos de respuesta y procedimientos de toma de decisiones.
- Cómo contactar con autoridades nacionales (AESA en España).
- Cómo interpretar resoluciones administrativas y restricciones.

7.2 Marcos de Autorización

7.2.1 Categoría Abierta — Sin Autorización Previa

Las operaciones de Categoría Abierta no requieren autorización ni permiso previo. El operador sólo debe:

- Emplear una aeronave que cumpla los **requisitos técnicos** aplicables (clases **C0 a C4** del Reglamento Delegado (UE) 2019/945, o dron sin marcado de clase dentro del régimen *legacy*).
- Contar con el **certificado de piloto remoto** que corresponda: **A1/A3** para las subcategorías A1 y A3, y **A2** para la subcategoría A2.
- Respetar los **límites operativos**: 120 metros de altura, VLOS, distancias a personas y prohibición de sobrevolar aglomeraciones.
- **Registrarse como operador** cuando proceda. Se registra el operador, no la aeronave.

Operación rápida

Las operaciones Abierta son ideales para trabajos que no requieren aprobación administrativa. El operador es responsable de autopolicía regulatoria.

7.2.2 Categoría Específica — Tres Vías, No Una

Se entra en la Categoría Específica cuando la operación rebasa los límites de la Abierta: vuelo BVLOS, sobrevuelo de aglomeraciones, aeronaves de 25 kg o más, o superación de los 120 metros de altura.

Aquí conviene deshacer la simplificación más extendida de este capítulo: **no toda operación específica exige autorización previa**. Existen tres caminos, y elegir el equivocado cuesta semanas de trabajo innecesario.

Vía	Trámite	Cuándo se usa
Escenario estándar	Declaración	La operación encaja exactamente en el STS-01 o el STS-02. No hay que esperar resolución ni redactar SORA
Autorización operacional	Solicitud	La operación no encaja en un STS. Se acompaña del PDRA aplicable o, si no lo hay, de un SORA completo
LUC	Certificación	Operador con organización madura. Según su alcance, puede autorizar sus propias operaciones

Cuadro 7.1

Las tres vías de la categoría Específica, ordenadas de menor a mayor esfuerzo.

Busca primero el PDRA, no empieces por el SORA

El orden de trabajo correcto es descendente: comprueba si tu operación encaja en un **escenario estándar**; si no, si encaja en algún **PDRA** publicado por EASA; y sólo si tampoco, aborda el **SORA** completo. Muchos operadores redactan un SORA para una operación que ya estaba resuelta en un PDRA.

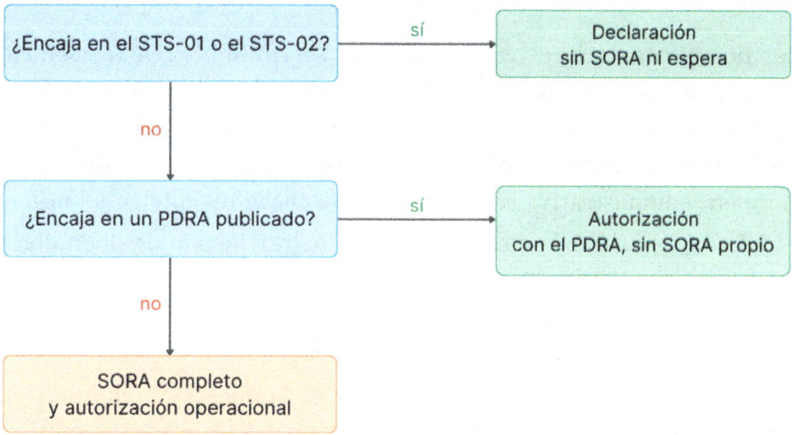

Figura 7.1
Orden de trabajo en la categoría Específica: flujo de decisión de las tres vías

Procedimiento cuando sí procede autorización:

1. Verificar que la operación no encaja en un STS ni en un PDRA.
2. Realizar la evaluación de riesgos: PDRA aplicable o SORA completo.
3. Preparar la documentación técnica y operacional.
4. Presentar la solicitud ante la autoridad competente.
5. Atender los requerimientos de información que pueda formular.
6. Obtener la autorización y operar dentro de las condiciones aprobadas.

Ejemplo de operación que exige autorización

Inspección BVLOS de una línea eléctrica que atraviesa varios núcleos de población. No cabe en el STS-02, que exige entorno escasamente poblado y zona controlada en tierra, de modo que la vía es la autorización operacional.

7.2.3 La Tercera Vía: el LUC

Las dos vías anteriores comparten una servidumbre: cada operación nueva pasa por la autoridad. Para un operador que vuela de forma esporádica no es un problema, pero para uno que crece —varias operaciones al mes, en emplazamientos distintos y con plazos de cliente— la espera administrativa se convierte en el cuello de botella del negocio.

El **LUC** (*Light UAS Operator Certificate*, certificado de operador de UAS ligeros) existe precisamente para eso. Está regulado en la **Parte C del Anexo** del Reglamento de Ejecución (UE) 2019/947, en los puntos **UAS.LUC.010** a **UAS.LUC.090**.

La idea de fondo: en lugar de examinar cada operación, la autoridad examina **tu organización**. Si concluye que tienes la madurez suficiente para evaluar tus propios riesgos con solvencia, te transfiere esa facultad.

Quién puede solicitarlo

▶ Sólo personas jurídicas

El LUC lo puede solicitar únicamente una **persona jurídica**. Un piloto autónomo, por experimentado que sea, no es candidato: el certificado evalúa estructuras organizativas —reparto de responsabilidades, procedimientos documentados, gestión de la seguridad—, y eso presupone una organización.

Qué hay que acreditar

- Un **sistema de gestión de la seguridad** proporcionado al tamaño de la organización y a la naturaleza y complejidad de su actividad, que identifique los peligros propios de lo que hace, los evalúe y documente cómo los mitiga.
- Un **manual LUC** que describa la organización, sus procedimientos y sus actividades, firmado por un **responsable** que asume ante la autoridad que todo ello se ajusta a la norma.
- La designación nominal de las **personas responsables** dentro de la estructura.

Qué te permite hacer

Los privilegios del punto **UAS.LUC.060** no son un paquete único: la autoridad los concede **graduados según la madurez** que aprecie, y pueden ser uno o varios de estos:

Nivel	Privilegio concedido
1	Realizar operaciones bajo escenario estándar **sin presentar la declaración**
2	**Autoautorizar** las operaciones cubiertas por un PDRA, sin solicitar autorización
3	**Autoautorizar todas** sus operaciones, sin solicitar autorización

Cuadro 7.2
Privilegios graduados del LUC, de menor a mayor autonomía frente a la autoridad.

Autoautorizar no es operar sin reglas

El privilegio suprime el trámite, no la obligación de fondo. Sigues teniendo que evaluar el riesgo, documentarlo y operar dentro de las condiciones que tu propio análisis determine. Lo que cambia es **quién valida ese análisis**: en lugar de la autoridad, tu sistema de gestión de la seguridad, bajo la supervisión que la autoridad mantiene sobre el certificado.
Dicho de otro modo: el LUC no relaja la exigencia, la interioriza. Y a cambio te devuelve el control sobre tus plazos.

Vigencia

El LUC se expide por **duración indefinida**, lo que lo distingue de las autorizaciones operacionales. Pero no es un título adquirido: se mantiene mientras el operador siga cumpliendo los requisitos, y decae si se renuncia a él o la autoridad lo revoca.

Cualquier cambio relevante en las condiciones de aprobación o en el sistema de gestión de la seguridad debe **aprobarse previamente** por la autoridad, no comunicarse después.

¿Te conviene un LUC?

Como orientación, el esfuerzo compensa cuando el trámite administrativo empieza a limitar la actividad: operaciones recurrentes, necesidad de responder a un cliente en días en vez de semanas, o una flota y un equipo que ya exigen procedimientos escritos de todos modos.

No compensa si operas de forma ocasional o si tus operaciones encajan cómodamente en un escenario estándar: montar y mantener un sistema de gestión de la seguridad es un coste permanente, no un trámite que se hace una vez.

Los requisitos concretos de tramitación y el alcance que cada autoridad concede varían. Consulta el procedimiento con la **autoridad competente bajo la que operes**.

7.2.4 Categoría Certificada — Certificación de Operador

Las operaciones de Categoría Certificada requieren **certificación completa** del operador y aprobación de un plan de seguridad integral:

- Operaciones de **alto riesgo** (sobreaglomeraciones persistentes, operaciones críticas de infraestructura).
- Requiere personal certificado, sistemas de gestión, seguros específicos.
- Proceso de auditoría y aprobación considerablemente más riguroso y prolongado que el de la categoría Específica.

Este capítulo se enfoca en Categoría Específica, que cubre la mayoría de operaciones profesionales y es el camino más común para operadores nuevos.

Categoría	**Habilitación previa**	**Qué hay que acreditar**
Abierta	Ninguna	Registro de operador y competencia del piloto. Se vuela sin trámite adicional
Específica	Declaración o autorización	Según la vía: conformidad con un STS, un PDRA aplicable, o un SORA propio
Certificada	Certificación	Certificación de la aeronave, del operador y licencia de piloto, como en la aviación tripulada

Cuadro 7.3
Habilitación previa exigida en cada categoría de operación.

Por qué esta tabla no lleva plazos ni importes

Es la pregunta que todo operador hace primero, y la respuesta honesta es que **no existe una cifra europea**. El Reglamento (UE) 2019/947 no fija plazos de resolución ni tasas: los establece cada Estado miembro en su propio procedimiento administrativo, y varían de forma apreciable entre países y con el tiempo. Cualquier tabla que asigne «20-60 días» a la categoría Específica o «3-6 meses» a la Certificada está inventando una uniformidad que no existe. Consulta el procedimiento publicado por la autoridad bajo la que vayas a operar.

7.3 Procedimiento de Solicitud — Categoría Específica

7.3.1 Paso 1: Evaluación SORA Inicial

La **Specific Operations Risk Assessment (SORA)** es el fundamento de cualquier solicitud Specific. Este proceso evalúa riesgos y propone mitigaciones.

Elementos clave de SORA:

- **GRC (*Ground Risk Class*):** Riesgo para personas y bienes bajo la trayectoria.
- **ARC (*Air Risk Class*):** Riesgo de encuentro con otras aeronaves.
- **SAIL (*Specific Assurance and Integrity Level*):** Nivel resultante de combinar GRC y ARC, de I a VI.
- **OSO (*Operational Safety Objectives*):** Objetivos de seguridad que el SAIL impone, con su grado de robustez.

SORA no es binario

SORA no dice "sí" o "no". Propone un nivel de riesgo (SAIL) y medidas de control. La autoridad valida si la mitigación es suficiente.

7.3.2 Paso 2: Preparación de Documentación Técnica

La solicitud debe incluir:

- **Detalles de la aeronave:** Modelo, peso, características técnicas, certificación.
- **Descripción de la operación:** Zona, altitud, duración, número de vuelos.
- **Plan operacional:** Procedimientos, tripulación, equipos de tierra.
- **Plan de emergencia:** Procedimientos para fallos y contingencias.
- **Evaluación SORA:** Análisis de riesgos y mitigaciones.

Plantilla oficial

La mayoría de autoridades nacionales publican plantillas estándar en sus sitios web. Úsalas como punto de partida.

7.3.3 Paso 3: Presentación de la Solicitud

La solicitud se presenta **electrónicamente** a través de los canales oficiales de la autoridad competente.

Para España (AESA):

`https://www.seguridadaerea.gob.es/es/web//`
`↪ portal-regulacion-drones`

► Verificar canal oficial

Cada autoridad nacional tiene su propio portal. Nunca envíes documentación crítica por correo no verificado.

7.3.4 Paso 4: Evaluación por Autoridad

La autoridad realiza:

1. **Revisión administrativa:** Completitud de documentación.
2. **Evaluación técnica:** Validez de la evaluación SORA.
3. **Análisis operacional:** Procedimientos y tripulación.
4. **Evaluación de riesgos:** Verificación independiente de mitigaciones.

La autoridad puede:

- **Aprobar:** Autorización sin modificaciones.
- **Aprobar con restricciones:** Autorización sujeta a limitaciones adicionales.
- **Rechazar:** Si los riesgos no se mitigan adecuadamente.
- **Solicitar información complementaria:** Para aclarar aspectos.

7.3.5 Paso 5: Resolución y Autorización

Si la solicitud es aprobada, la autoridad expide **autorización de operación específica**, que debe ser:

- **Escrita y firmada** por la autoridad competente.
- **Específica** para la operación descrita (zona, aeronave, fechas, restricciones).
- **Válida por un período limitado**, el que fije la propia autorización.
- **Revocable** si cambian las condiciones de operación o se violan restricciones.

> ▶ Autorización no es permanente
>
> Una autorización específica se expide para una operación, zona y período concreto. Si cambias la operación significativamente, necesitas nueva autorización.

7.4 Documentación Requerida

El Reglamento de Ejecución (UE) 2019/947 regula la autorización operacional en su artículo 12, y el material guía de EASA concreta la documentación que acompaña a la solicitud:

Documento	Contenido Mínimo
Solicitud formal	Identificación operador, contactos, descripción brevísima de operación
Especificación técnica de UAS	Modelo, serie, peso, dimensiones, fuente de energía, sistemas de seguridad
Descripción operacional	Zona geográfica, altitud, horarios, número de pilotos, duración prevista
Evaluación de riesgos	GRC y ARC finales, SAIL resultante, mitigaciones y OSO acreditados
Plan operacional detallado	Procedimientos pre/durante/post vuelo, comunicaciones, contingencias
Competencia del personal	Diplomas/certificados de pilotos y operadores
Conformidad técnica	Certificaciones de la aeronave, listados de componentes, pruebas de seguridad
Seguros	Pólizas responsabilidad civil (cantidad según SAIL)

Cuadro 7.4
Documentación que acompaña a una solicitud de autorización operacional.

Digitalmente verificable

Los documentos modernos deben estar en formato digital (PDF), con firma digital o certificado de autenticidad cuando sea requerido por autoridad local.

7.5 Metodología SORA y Evaluación de Riesgos

7.5.1 Componentes de SORA

SORA se articula sobre **dos** clases de riesgo, no tres. De su combinación resulta el SAIL, que determina los objetivos de seguridad exigibles.

▶ No existe un «riesgo de vuelo» como tercer pilar

Es habitual encontrar descripciones de SORA con tres bloques de riesgo —tierra, aire y un tercero técnico u operacional—. La metodología sólo define **dos**: la **clase de riesgo en tierra** (GRC) y la **clase de riesgo aéreo** (ARC). La fiabilidad del equipo, la competencia del piloto y las condiciones meteorológicas sí se evalúan, pero no como una tercera clase de riesgo: entran a través de los **objetivos de seguridad operacional** (OSO) que el SAIL impone.

1. GRC — Clase de Riesgo en Tierra (*Ground Risk Class*)

Evalúa la probabilidad y gravedad de daño a personas o propiedades en tierra:

- **Densidad de personas:** Zona despoblada, poco habitada, congestionada.
- **Tipo de personas:** Ajenas (desconocedoras), atentas (conscientes del dron), vulnerables (niños, mayores).
- **Propiedades:** Construcciones, vehículos, infraestructuras críticas.
- **Mitigaciones:** Cercos, distancia de seguridad, sistemas de detección de obstáculos.

2. ARC — Clase de Riesgo Aéreo (*Air Risk Class*)

Evalúa la probabilidad de encuentro con aeronaves tripuladas u otros usuarios del espacio aéreo:

- **Tipo de espacio aéreo:** Controlado o no controlado, y su densidad de tráfico.
- **Altura de operación:** Por debajo de 120 metros el riesgo de encuentro es menor.
- **Entorno:** Proximidad a aeródromos, helipuertos o rutas conocidas.
- **Mitigaciones estratégicas y tácticas:** Restricción horaria o geográfica, coordinación con el proveedor de servicios de tránsito aéreo, observadores del espacio aéreo, sistemas de detección y evitación.

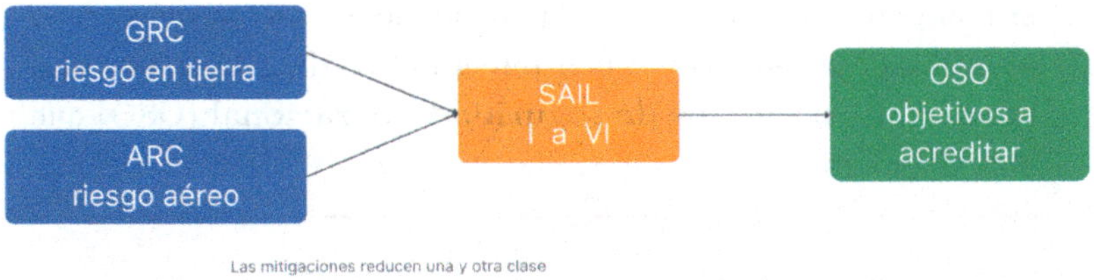

Figura 7.2

La cadena del SORA: dos clases de riesgo combinadas generan el SAIL, que determina los objetivos de seguridad operacional

7.5.2 SAIL — *Specific Assurance and Integrity Level*

De la combinación del GRC final y el ARC final resulta el **SAIL**, que se expresa en números romanos y va de **I a VI**.

> ▸ Dos precisiones sobre el SAIL
>
> El SAIL se cita con frecuencia de forma incorrecta. No significa «*Safety* Integrity Level», sino ***Specific Assurance and Integrity Level***. Y no tiene cuatro niveles, sino **seis**: de SAIL I a **SAIL VI**.

- **SAIL I y II** — Riesgo bajo. Objetivos de seguridad limitados, con exigencias de robustez suaves.
- **SAIL III y IV** — Riesgo intermedio. Aumenta el número de OSO aplicables y el nivel de robustez con que deben acreditarse.
- **SAIL V y VI** — Riesgo elevado. Exigencias próximas a las de la aviación certificada; en la práctica, marcan la frontera con la Categoría Certificada.

El SAIL no es una calificación en sí misma: determina qué **objetivos de seguridad operacional** (OSO) debes cumplir y con qué grado de robustez has de demostrarlos.

> SAIL no equivale a autorización
>
> Un SAIL bajo no garantiza la aprobación: la autoridad valida de forma independiente que las mitigaciones propuestas son reales y suficientes. Y un SAIL alto no impide operar, siempre que acredites la robustez exigida.

7.5.3 Para Profundizar en la Metodología

Lo expuesto en este capítulo basta para situarte: saber cuándo necesitas un SORA, qué produce y cómo encaja en el trámite de autorización. Pero la metodología completa —la determinación paso a paso del GRC y el ARC, las mitigaciones y su acreditación, y los objetivos de seguridad operacional— da para un volumen propio.

Figura 7.3
SORA 2.5, tratamiento monográfico de la metodología

Si tu actividad va a apoyarse de forma habitual en la categoría específica, te será útil ese tratamiento monográfico. En la colección DroneBooks he publicado ***SORA 2.5. De la Evaluación de Riesgos a la Autorización Operacional para UAS en el Marco EASA***, dedicado íntegramente a esta materia.

Información completa

Contenido detallado, índice y dónde adquirirlo en:
https://dronebooks.eu

7.5.4 Ejemplo Simplificado: Fotogrametría en Urbano

Operación: Levantamiento fotogramétrico de edificio en zona urbana, 80 m altura, BVLOS, sin personas bajo trayectoria directa.

Determinación del GRC (riesgo en tierra):

- Entorno urbano con presencia de personas ajenas.
- Acotamiento de una zona controlada en tierra alrededor del emplazamiento.
- Personal informado y control de accesos durante la operación.
- GRC intrínseco elevado, **reducido** mediante la mitigación de zona controlada.

Determinación del ARC (riesgo aéreo):

- Espacio aéreo no controlado, sin aeródromo próximo.
- Altura de 80 metros, por debajo del tráfico tripulado habitual.
- Restricción horaria y coordinación previa como mitigación estratégica.
- ARC bajo

SAIL resultante: de la combinación del GRC y el ARC finales sale el SAIL, que a su vez fija los **OSO** exigibles.

Dónde entran el equipo y el piloto

La fiabilidad del dron, la experiencia del piloto y las condiciones meteorológicas no forman una tercera clase de riesgo. Se acreditan a través de los **OSO** que el SAIL impone: competencia del piloto remoto, mantenimiento, procedimientos, fiabilidad del enlace y condiciones ambientales, entre otros.

7.6 Tiempos y Procedimientos de Decisión

7.6.1 Plazo de Evaluación

▶ El Reglamento no fija un plazo en días

Circula con insistencia la idea de que el Reglamento (UE) 2019/947 obliga a la autoridad a resolver en veinte días laborables. **No es así.** El reglamento emplea la fórmula **«sin demora indebida»** y no establece ningún número concreto de días.
Los plazos que sí puedes exigir son los del **procedimiento administrativo del Estado** en el que presentas la solicitud, y varían de un país a otro. Búscalos en la guía de tramitación que publique tu autoridad, no en la normativa europea.

Lo que sí puede darse por común a cualquier autoridad es la secuencia:

- **Solicitud completa** — El cómputo empieza cuando el expediente está completo, no cuando lo envías.
- **Información insuficiente** — Un requerimiento de subsanación detiene o reinicia el cómputo. Es la causa habitual de que un expediente se eternice.
- **Resolución desfavorable** — Debe ser motivada por escrito.
- **Resolución favorable** — Se expide la autorización operacional, con sus condiciones y limitaciones.

Lo que de verdad controla el calendario

La parte del proceso que puedes acortar no es la de la autoridad, sino la tuya: un expediente completo y bien argumentado a la primera evita el ciclo de requerimiento y respuesta, que es lo que realmente dilata la tramitación.
No comprometas una fecha con un cliente hasta tener la autorización en la mano.

7.6.2 Procedimiento de Recursos

Si la solicitud es **rechazada**, el operador tiene derecho a:

1. **Recurso administrativo:** Solicitar revisión de la decisión ante la autoridad.
2. **Recurso contencioso:** Apelación ante tribunal administrativo (si procede según legislación nacional).
3. **Solicitud reiterada:** Someter nueva solicitud con documentación adicional o mitigaciones mejoradas.

▶ Mantén comunicación

Mientras el expediente esté en tramitación, la autoridad puede requerir información adicional. Responde con rapidez y de forma completa: cada requerimiento sin contestar detiene el reloj.

7.6.3 Vigencia de Autorización

Una autorización específica es válida por:

- **Período definido:** La vigencia la fija la propia autorización. No hay una duración europea uniforme: compruébala en el documento que recibas.
- **Cambios operacionales:** Puede requerir revisión si cambias zona, aeronave o procedimientos significativamente.
- **Renovación:** Antes del vencimiento, puedes solicitar renovación.
- **Revocación:** La autoridad puede revocarla si se incumplen sus condiciones o cambian las circunstancias de seguridad.

Hito	De quién depende el tiempo
Preparación del SORA y de la documentación	Del operador. Es la fase más larga y la única que controlas por completo
Evaluación por la autoridad	De la autoridad, «sin demora indebida». El plazo exigible es el de su procedimiento nacional
Respuesta a requerimientos de subsanación	Del operador. Cada ida y vuelta detiene el cómputo
Expedición de la autorización	De la autoridad, una vez resuelto favorablemente

Cuadro 7.5

Fases de la tramitación de una autorización operacional y responsable del tiempo en cada una.

7.7 Autoridades Competentes y Contactos

7.7.1 España: AESA (Agencia Estatal de Seguridad Aeronáutica)

La **AESA** es la autoridad competente para operaciones UAS en espacio aéreo español.

Contacto oficial:

https://www.seguridadaerea.gob.es/es

Portal de tramitación de drones:

https://www.seguridadaerea.gob.es/es/web//
↪ portal-regulacion-drones

Email de consultas:

drones@seguridadaerea.gob.es

Teléfono:

+34 91 394 8000 (centrex — solicitar extensión drones)

AESA es autoridad única

AESA es la única autoridad competente para autorizar operaciones UAS en España. No hay autoridades autonómicas ni locales con competencia regulatoria.

7.7.2 Proceso de Registración en AESA

Antes de solicitar autorización operacional, debes estar **registrado como operador** en AESA:

1. Crear cuenta en portal AESA.
2. Proporcionar datos personales/empresa.
3. Cargar documentación (NIF, etc.).
4. Recibir número de registro operador.
5. Usar este número en todas las solicitudes posteriores.

7.7.3 Otras Autoridades Europeas Seleccionadas

A continuación figuran las autoridades competentes de una selección de Estados miembros. Cada una mantiene su propio procedimiento de tramitación y canales de contacto.

- **Francia** — **DGAC** (*Direction Générale de l'Aviation Civile*)
  https://www.dgac.gouv.fr/drones
- **Alemania** — **LBA** (*Luftfahrt-Bundesamt*)
  https://www.lba.de/DE/drohnen
- **Italia** — **ENAC** (*Ente Nazionale per l'Aviazione Civile*)
  https://www.enac.gov.it/cittadini/droni
- **Portugal** — **ANAC** (*Autoridade Nacional da Aviação Civil*)
  https://www.anac.pt//
  ↪ SiteCollectionDocuments/dronesUAS
- **Bélgica** — **CAA** (*Civil Aviation Authority*)
  https://www.caa.be/droneoperations

Operación transfronteriza

Si operas en múltiples países, necesitas autorización de cada uno o cobertura multinacional. Consulta directamente con cada autoridad sobre reconocimiento mutuo o procedimientos armonizados.

7.8 Casos Prácticos

7.8.1 Caso 1: Autorización Aprobada — Inspección de Torre Eólica

Operación: Inspección termográfica de tower de aerogenerador en zona rural, BVLOS hasta 150 m altura.

Operador: Empresa de inspección con experiencia.

Documentación presentada:

- Dron DJI Matrice 300 RTK, certificado clase C2.
- Dos pilotos certificados (A2, 300+ horas cada uno).
- Evaluación de riesgos: GRC bajo (zona despoblada) y ARC bajo (espacio aéreo sin tráfico relevante), del que resulta un SAIL contenido.
- SAIL resultante: I.
- Plan operacional: Procedimientos detallados, contingencias, comunicaciones.
- NOTAM solicitado
- Seguro de responsabilidad civil conforme a la MTOM de la aeronave.

Evaluación de la autoridad:

- Documentación completa
- SORA validado
- Mitigaciones adecuadas
- **Decisión: APROBADA**

Autorización expedida:

- Duración: 2 años.
- Restricciones: Operación BVLOS solo en zona especificada, condiciones VFR+, máximo 150 m altura.
- Obligaciones: Informe de operación trimestral, notificación de incidentes.

Resultado: Inspecciones realizadas sin incidentes durante 2 años.

7.8.2 Caso 2: Rechazo Inicial — Fotografía de Evento Público

Operación: Fotografía aérea de concierto al aire libre (5000 personas aproximadamente).

Operador: Fotógrafo profesional con experiencia.

Documentación inicial presentada:

- Dron pequeño (DJI Air 3, 248 g).
- Un piloto certificado A1.
- Evaluación SORA superficial: Ground Risk MODERATE (zona con muchas personas).
- SAIL II
- Mitigaciones: "Distancia de seguridad de 30 m a personas".

Evaluación de la autoridad:

- SORA insuficientemente detallado.
- 30 m no es distancia adecuada con 5000 personas presentes.
- No especifica plan de comunicación con organizadores de evento.
- No aborda procedimiento ante fallo de dron.
- **Decisión: RECHAZADA** — Motivación: "Mitigaciones insuficientes para Ground Risk en zona congestionada".

Acción del operador (reiterativa):

- Nuevos contactos con organizadores del evento.
- Rediseño operacional: Fotografía VLOS desde posición fija a 100 m del escenario.
- Cobertura de responsabilidad civil revisada al alza para el nuevo alcance.
- SORA revisado: GRC reducido gracias al acotamiento en tierra y a la operación en VLOS.
- Personal de seguridad presente durante operación.
- Reenvío de solicitud mejorada (sin retrasos administrativos).

Reevaluación tras la subsanación:

- Mitigaciones ahora adecuadas.
- Ground Risk validado como BAJO.
- **Decisión: APROBADA CON RESTRICCIONES**.

Restricciones en autorización:

- Operación VLOS obligatoria.
- Personal de seguridad presente.
- Máximo distancia 100 m del piloto.
- Evento específico solo (no reutilizable para otros eventos).

Aprendizaje: SORA debe reflejar realidad de la operación. Mitigaciones genéricas rara vez funcionan.

7.8.3 Caso 3: Aprobada con Restricciones — Mapeo Agrícola

Operación: Mapeo multispectral de 500 hectáreas de cultivo, BVLOS en zona rural, operación repetida (3-4 veces/año durante 5 años).

Operador: Empresa agrícola con drones propios.

Documentación presentada:

- Dron: DJI Matrice 300 RTK con sensor multispectral.
- Equipo: 2 pilotos A2, coordinador en tierra, vehículo de apoyo.
- Evaluación de riesgos: GRC bajo (sin terceros bajo la trayectoria) y ARC bajo (espacio rural despoblado), con OSO acreditados por la repetición y madurez de la operación.
- SAIL resultante bajo.
- Seguro de responsabilidad civil según la MTOM de la aeronave.
- Plan operacional: Procedimientos estandarizados, contingencias, coordinación con propietario.

Evaluación de la autoridad:

- Documentación excelente
- SORA muy detallado.
- Mitigaciones robustas
- Operación repetida es ventaja (experiencia demostrada).
- **Decisión: APROBADA**

Autorización expedida:

- Duración: 5 años (duración máxima ofrecida).
- Validez: Hasta 3 operaciones/año en zona especificada.
- Restricciones: Operación solo en condiciones VFR, entre marzo y octubre, máximo 2 horas/día.
- Renovación: Informe anual de operaciones y seguridad.
- Beneficio: No necesita autorización nueva para mapeos subsiguientes.

Resultado: 5 años de operaciones sin incidentes. Autorización renovada automáticamente tras 5 años.

7.9 Preguntas Frecuentes / Errores Comunes

7.9.1 ¿Cuánto cuesta una autorización específica?

La mayoría de autoridades europeas **no cobran** por evaluación de solicitudes Specific. Algunos sí aplican tasas, cuyo importe varía por Estado: consúltalo en tu autoridad competente. Los costos principales son indirectos: tiempo de preparación de SORA, asesoría legal, seguros.

7.9.2 ¿Puedo operar mientras espero la decisión?

No. Hasta obtener autorización escrita, la operación está **prohibida**. Operar sin autorización en Categoría Specific es infracción administrativa grave.

7.9.3 ¿Si me rechazan, cuánto tardo en solicitar de nuevo?

Puedes volver a presentarla en cuanto quieras, pero tienes que abordar de raíz los motivos del rechazo: reenviar el mismo expediente con retoques cosméticos sólo consume otro ciclo completo de evaluación. Lee con detenimiento la motivación de la resolución, porque es el guion exacto de lo que la autoridad espera ver corregido.

7.9.4 ¿Cambié un pequeño detalle de la operación. ¿Necesito nueva autorización?

Depende de la "significancia del cambio":

- **Sin nueva evaluación:** Cambios cosméticos (fecha exacta, orden de vuelos).
- **Notificación requerida:** Cambios menores (altura máxima +10 m).
- **Enmienda a autorización:** Cambios moderados (aeronave similar, zona ampliada ligeramente).
- **Nueva solicitud:** Cambios sustanciales (operación BVLOS a VLOS, nueva zona radicalmente diferente).

Consulta con autoridad antes de cambiar.

7.9.5 ¿La autorización de un país es válida en otro?

No. Cada autoridad nacional expide autorizaciones solo para su territorio. Si operas en Francia, necesitas autorización francesa (DGAC). La **EASA publica reconocimiento mutuo** entre algunos países, pero no es automático.

7.9.6 Error Común: Usar plantilla genérica de SORA

Problema: Algunos operadores copian SORA de internet sin adaptarla.

Consecuencia: Rechazo inmediato. Autoridad ve desajuste entre SORA y operación real.

Solución: SORA debe ser **específica de tu operación**. Recopila datos reales: zona GPS, altitud exacta, personas presentes, meteorología histórica, capacidades del dron.

7.9.7 Error Común: Olvidar restricciones en la autorización

Problema: Autorización aprobada con restricción (ej. "máximo 100 m altura"), pero piloto vuela a 120 m.

Consecuencia: Infracción grave, multa, posible confiscación de dron.

Solución: Lee autorización completa antes de cada vuelo. Imprime restricciones y úsalas como checklist.

7.10 Resumen

1. **Categoría Abierta** no requiere autorización; Categoría Specific sí; Certificada requiere certificación completa.
2. El **procedimiento Specific** incluye SORA, documentación técnica/operacional, presentación a autoridad, evaluación «sin demora indebida» —el plazo exigible es el del procedimiento nacional, no una cifra europea—, y expedición de autorización.
3. **SORA** combina dos clases de riesgo —**GRC** en tierra y **ARC** en el aire— para obtener el **SAIL** (*Specific Assurance and Integrity Level*), que va de **I a VI** y fija los objetivos de seguridad (OSO) exigibles.
4. **No siempre hace falta un SORA** — Si la operación encaja en un escenario estándar basta una declaración, y si encaja en un PDRA el análisis ya está hecho por EASA.
5. **El LUC es la tercera vía** — Regulado en la Parte C del Anexo (UAS.LUC.010 a 090), sólo puede solicitarlo una **persona jurídica** y exige un sistema de gestión de la seguridad y un manual propio. A cambio, la autoridad concede privilegios graduados que llegan hasta **autoautorizar todas** las operaciones. Se expide por **duración indefinida**, sujeto a cumplimiento continuado.
6. La **documentación** debe ser técnicamente rigurosa: especificación UAS, plan operacional, evaluación SORA, competencia personal, seguros.
7. **AESA** (España) es la autoridad competente única. Portal oficial: seguridadaerea.gob.es, donde se publican el procedimiento de solicitud y sus plazos.
8. Una **autorización** es específica para operación, zona, y período descrito. Cambios significativos requieren nueva solicitud.
9. **No operes sin autorización** si Categoría Specific es requerida. Es infracción grave.
10. **Casos prácticos** demuestran importancia de SORA riguroso, comunicación con autoridad, y adaptación a restricciones.

7.11 Referencias Normativas

Normativa Aplicable

Reglamentos Europeos:

- Reglamento (UE) 2019/947 — Operaciones con sistemas de aeronaves no tripuladas (Parte 5: Autorización de operaciones específicas).
- Reglamento (UE) 2019/945 — Requisitos técnicos y procedimientos de certificación para sistemas de aeronaves no tripuladas.

Normativa Nacional (España):

- Real Decreto 517/2024 — Regulación de operaciones con drones (transposición (UE) 2019/947 y 945).
- Orden de AESA sobre procedimientos administrativos de autorización.

Guías y Especificaciones Técnicas:

- **EASA Special Conditions** — Adaptaciones específicas para operaciones excepcionales.
- **EASA Decision Notices** — Interpretaciones oficiales de regulaciones.
- **EASA UAS Operations Handbook** — Guía completa de operaciones UAS.

7.11.1 Enlaces Útiles

Autoridades:

https://www.easa.europa.eu/en/domains//
↪ civil-drones

https://www.seguridadaerea.gob.es/es/web//
↪ portal-regulacion-drones

Recursos de SORA:

https://www.easa.europa.eu/en/downloads?/
↪ keywords=SORA

Normativa oficial completa:

https://eur-lex.europa.eu/legal-content/ES/TXT/?/
↪ uri=CELEX:32019R0947

Capítulo 8

RGPD y Protección de Datos

8.1 Introducción

La operación de sistemas de aeronaves no tripuladas (UAS) implica, en la mayoría de los casos, la captura de imágenes y datos que pueden identificar a personas físicas. Desde una fotografía aérea de una propiedad residencial hasta la grabación de video de una operación de vigilancia, los drones recopilan información que puede constituir "datos personales" bajo la regulación europea.

El Reglamento General de Protección de Datos (RGPD) — Reglamento (UE) 2016/679 — se aplica íntegramente a las operaciones de UAS cuando se procesan datos personales. Esto significa que los operadores de drones, independientemente del tamaño de su organización, son responsables de cumplir con la normativa de protección de datos.

El incumplimiento del RGPD no solo expone al operador a sanciones administrativas de hasta EUR 20 millones (o el 4 % de la facturación global anual), sino que también puede resultar en demandas civiles de interesados afectados y daño reputacional significativo.

Objetivo del Capítulo

Al completar este capítulo, comprenderás:

- Cómo se aplica el RGPD a las operaciones de UAS.
- Cuándo los datos capturados son "datos personales" según el RGPD.
- Las bases legales para procesar datos personales.
- Cómo implementar consentimiento y notificación correctamente.
- Las restricciones específicas para grabación de video y audio.
- Los derechos de las personas cuyos datos se recopilan.
- Casos prácticos de cumplimiento y violación.

8.2 Conceptos Fundamentales del RGPD

El RGPD utiliza terminología precisa que es esencial para entender las obligaciones de cumplimiento. Los operadores de UAS deben familiarizarse con estas definiciones desde el inicio.

8.2.1 Antes de Nada: ¿Te Aplica el RGPD?

No todo vuelo con cámara activa el RGPD. El artículo **2.2.c** excluye del reglamento el tratamiento efectuado por una persona física **«en el ejercicio de actividades exclusivamente personales o domésticas»**.

Es la llamada **excepción doméstica**, y es la que ampara al aficionado que graba a su familia en su finca o se filma a sí mismo practicando.

▶ La excepción doméstica es real, pero mucho más estrecha de lo que parece

Antes de acogerte a ella, tres límites que la vacían con facilidad:
1. Se cae en cuanto captas espacio público. El Tribunal de Justicia de la UE, en el asunto *Ryneš* (C-212/13), resolvió que una videovigilancia que abarca —aunque sea parcialmente— la vía pública **no** es actividad exclusivamente doméstica. Trasladado al dron: en cuanto tu vuelo capta la calle, la finca del vecino o un camino, dejas de estar cubierto.
2. Se cae con cualquier difusión. Publicar el vídeo en redes sociales o en un canal abierto deja de ser «personal o doméstico».
3. No existe para actividad profesional. Si cobras por el vuelo, o lo haces para tu empresa, el RGPD se aplica íntegramente desde el primer fotograma.

Regla práctica

Si vuelas por afición, sobre terreno propio o con permiso, sin captar espacio público ni a terceros, y no difundes el material: la excepción doméstica te cubre y el resto de este capítulo no te obliga.
En cuanto se cumpla **cualquiera** de estas tres condiciones —captas fuera de tu ámbito, publicas, o cobras— estás plenamente dentro del RGPD.

Ojo: la excepción es del RGPD, no de la normativa aeronáutica

Que el RGPD no te aplique **no** te exime de nada del Reglamento (UE) 2019/947: registro de operador, certificado de piloto, zonas geográficas y límites operativos siguen rigiendo igual. Son dos marcos independientes.

Y a la inversa: la obligación de **registrarte como operador** cuando el dron lleva cámara existe aunque tu tratamiento esté amparado por la excepción doméstica.

8.2.2 El Tercer Marco: Quien Manda en el Suelo

A los dos marcos anteriores —el aeronáutico y el de protección de datos— hay que sumar un tercero que no procede de ninguno de los dos y que en la práctica es el que más a menudo interrumpe una operación: las **normas del titular del terreno**.

Figura 8.1

Señal de prohibición en un parque público. El pictograma no representa una aeronave cualquiera, sino un dron **con cámara**: la restricción apunta a la captación de imágenes.

Un parque, una playa, un recinto privado, un yacimiento arqueológico o un espacio natural protegido pueden prohibir el despegue, el aterrizaje o la permanencia con un dron mediante una ordenanza municipal, un reglamento de uso o una simple condición de acceso. Esa prohibición **no aparece en ningún mapa de zonas geográficas UAS** y no la impone la autoridad aeronáutica: la impone quien gestiona el suelo, en ejercicio de competencias propias.

▶ «El espacio aéreo estaba libre» no es una defensa

Comprobar en la aplicación oficial de zonas geográficas que el vuelo es admisible responde a una única pregunta: si el **espacio aéreo** está disponible. No responde a si puedes acceder al lugar, situar allí tu estación de pilotaje, despegar desde ese césped ni grabar a quienes pasean por él.

Los tres marcos se acumulan y son independientes: puedes cumplir el Reglamento (UE) 2019/947 al milímetro, estar amparado por la excepción doméstica del RGPD y aun así estar incumpliendo la ordenanza del municipio en cuyo parque has despegado.

Qué comprobar antes de desplazarte

Estas normas varían de un Estado miembro a otro, e incluso de un municipio a otro dentro del mismo Estado: no existe un registro europeo que las recopile. La comprobación es necesariamente local.

- **Zonas geográficas UAS** — En la fuente oficial de la autoridad aeronáutica bajo la que operas.
- **Acceso y uso del suelo** — Ayuntamiento, organismo gestor del espacio natural o titular del recinto.
- **Señalización sobre el terreno** — Léela al llegar. Una señal como la de la figura anterior es una condición de acceso, y desconocerla no exime.
- **Permiso por escrito** — Cuando el lugar sea de titularidad privada o de acceso regulado, solicítalo y consérvalo con el resto de la documentación de la operación.

8.2.3 Datos Personales y su Relación con Operaciones de Drones

Dato personal significa cualquier información relacionada con una persona física identificada o identificable. Una persona es identificable si puede ser identificada, directa o indirectamente, en particular por referencia a un identificador como un nombre, un número de identificación, datos de localización, un identificador en línea, o uno o más elementos específicos de su identidad física, fisiológica, genética, psíquica, económica, cultural o social.

En el contexto de operaciones de UAS, son datos personales:

- **Imágenes o video que capturen rostros** — Aunque se tome la fotografía desde el aire, si es posible identificar a la persona o se utiliza reconocimiento facial, es dato personal.
- **Localización de personas** — Los drones pueden capturar información de ubicación de individuos (por ejemplo, una persona en su jardín trasero).
- **Placas de matrícula de vehículos** — Si se puede conectar a una persona identificable.
- **Audio grabado** — Si se captura conversación de personas, constituye dato personal.
- **Datos biométricos** — Reconocimiento facial, iris o similar (categoría especial bajo RGPD Artículo 9).

Consejo Práctico

Muchos operadores asumen erróneamente que porque vuelan a *cierta altura*, los datos no son "personales". Esto es incorrecto. Si es posible identificar o conectar los datos capturados a una persona, es dato personal, independientemente de la altitud.

8.2.4 Responsable del Tratamiento vs. Encargado del Tratamiento

El RGPD distingue dos figuras:

Figura	Definición
Responsable	Determina *fines y medios* del tratamiento. Toma decisiones sobre qué datos recopilar, cómo procesarlos y con qué propósito. En UAS: típicamente el operador o propietario del dron.
Encargado	Trata datos en nombre del responsable, siguiendo instrucciones. Debe tener contrato (contrato de procesamiento de datos - DPA) con el responsable. En UAS: subcontratistas que editan video, almacenan datos en la nube, etc.

Cuadro 8.1
Responsable y encargado del tratamiento: quién es quién en una operación con dron.

► Distinción Crítica

Si un operador de UAS recopila datos para su propio propósito, es *responsable*. Si un subcontratista edita las imágenes o almacena los datos en su servidor siguiendo instrucciones del operador, es *encargado*. Ambos tienen obligaciones legales específicas.

8.3 Bases Legales para Procesar Datos Personales

El RGPD no prohibe el procesamiento de datos personales, pero sí establece que **debe existir una base legal** (Artículo 6) para que sea lícito. Sin base legal, el tratamiento es ilegal, incluso si el dato se obtiene de forma técnicamente correcta.

8.3.1 Las Seis Bases Legales del RGPD

Según el Artículo 6 del RGPD, el tratamiento solo es lícito si:

1. **Consentimiento** — El interesado ha dado su consentimiento libre, específico, informado e inequívoco.
2. **Contrato** — El tratamiento es necesario para ejecutar un contrato con el interesado o para adoptar medidas previas a la celebración del contrato.
3. **Obligación Legal** — El tratamiento es necesario para cumplir una obligación legal que pesa sobre el responsable.
4. **Intereses Vitales** — El tratamiento es necesario para proteger los intereses vitales del interesado o de otra persona física.
5. **Función Pública** — El tratamiento es necesario para el cumplimiento de una misión de interés público o del ejercicio de poderes públicos confiados al responsable.
6. **Intereses Legítimos** — El tratamiento es necesario para satisfacer los intereses legítimos del responsable o de terceros (excepto cuando predominen los intereses o derechos y libertades del interesado).

8.3.2 Aplicación Práctica a Operaciones de UAS

En la mayoría de los casos, los operadores de UAS utilizarán las siguientes bases legales:

Tipo de operación	**Base legal habitual**	**Comentario**
Inspección o tasación por encargo	Contrato (art. 6.1.b)	El encargo del cliente es un contrato. Si aparecen terceros, hay que mitigar la captación, no pedirles consentimiento
Vigilancia en recinto privado	Interés legítimo	Exige análisis de ponderación documentado y señalización visible en los accesos
Cartografía o catastro	Misión de interés público	La entidad pública debe tener habilitación normativa para la finalidad
Inspección de infraestructuras	Interés legítimo	La captación de personas es incidental: se mitiga con encuadre, altura y borrado, no con consentimiento
Investigación científica	Interés legítimo o misión pública	Diseñar la captura para **no** obtener personas identificables es preferible a buscar una base legal para tenerlas

Cuadro 8.2
Base legal habitual según el tipo de operación. El consentimiento rara vez es la elección adecuada.

► El consentimiento es una mala base legal para volar

Es la base que más se cita y casi siempre la peor elección en operaciones con dron, por tres motivos:

No es viable con terceros incidentales. No puedes pedir consentimiento a quien pasa por la calle mientras vuelas. Si tu cumplimiento depende de un consentimiento que no puedes obtener, no tienes cumplimiento.

Es revocable en cualquier momento. Si alguien lo retira, debes cesar el tratamiento y suprimir sus datos, incluso con el trabajo ya entregado.

No lo da el propietario del inmueble. El consentimiento del RGPD sólo puede prestarlo **el interesado**, es decir, la persona cuyos datos tratas. Que el dueño de una finca te autorice a sobrevolarla es permiso de acceso, no base legal para tratar los datos de quien esté dentro.

En la práctica, la vía sólida es el **interés legítimo** con análisis de ponderación documentado, o el **contrato** con quien te encarga el trabajo, acompañados de mitigación técnica.

► Error Común: Asumir Intereses Legítimos sin Análisis

Muchos operadores asumen automáticamente que su actividad está protegida por "intereses legítimos". Esto es incorrecto. Los intereses legítimos deben demostrarse mediante un análisis de equilibrio entre:

- Finalidad legítima del responsable.
- Necesidad de procesar datos personales.
- Expectativas razonables del interesado.
- Impacto en derechos fundamentales del interesado.

Si el impacto en la privacidad del interesado supera el beneficio para el responsable, los intereses legítimos **no son válidos como base legal**.

8.4 Consentimiento e Información a Interesados

8.4.1 Características del Consentimiento Válido

Cuando se utiliza consentimiento como base legal, este debe ser:

Característica	Significado
Libre	Sin coacción. La persona debe tener una alternativa real. No es válido exigir consentimiento como condición para acceder a servicios no relacionados (consentimiento amarrado).
Específico	Otorgado para *cada finalidad* específica. Consentimiento genérico ("acepto tratamiento de datos") **no es válido**. Debe especificarse: "autorizo fotografía de mi propiedad para fines de tasación".
Informado	La persona debe saber qué datos se recopilan, quién, por qué, durante cuánto tiempo, y con quién se comparten. Requiere proporcionar información clara (Artículo 13/14 RGPD).
Inequívoco	Acción positiva clara (no silencio, no casillas marcadas por defecto). Debe ser una acción afirmativa: firmar, clic en botón, respuesta verbal grabada.

Cuadro 8.3
Requisitos que debe reunir el consentimiento para ser válido conforme al RGPD.

8.4.2 Cómo Implementar Consentimiento en Operaciones de UAS

Para obtener consentimiento válido en una operación de UAS:

1. **Identificar personas afectadas** — ¿Quién puede ser identificado en las imágenes/videos?
2. **Diseñar solicitud de consentimiento específica** — Incluir: qué datos (ej: "fotografía con drone de su propiedad"), finalidad

(ej: "tasación inmobiliaria"), duración (ej: "durante 6 meses"), destinatarios (ej: "tasador X").

3. **Obtener antes de recopilar** — El consentimiento debe ser previo a la captura de datos.
4. **Documentar** — Guardar evidencia (correo, firma, video del consentimiento verbal).
5. **Permitir revocación** — Las personas deben poder revocar consentimiento en cualquier momento.

Solicitud de Consentimiento Correcta

Enunciado: Redacta una solicitud de consentimiento para fotografiar una propiedad residencial con drone para elaborar un informe de daños por seguros.

Solución modelo:

"Autorizo explícitamente la captura de imágenes fotografía aérea mediante drone de la propiedad ubicada en [dirección] para elaborar un informe pericial de daños causados por [evento]. Las imágenes serán procesadas por [nombre empresa], utilizadas únicamente para este informe, y eliminadas tras 3 meses. Entiendo que puedo revocar esta autorización en cualquier momento escribiendo a [email]."

Elementos clave:

- Especificidad ("fotografía aérea mediante drone" + ubicación).
- Finalidad clara ("informe pericial").
- Duración específica ("3 meses").
- Responsable identificado ("nombre empresa").
- Opción de revocación (email, procedimiento).

8.5 Restricciones Específicas: Grabación de Video y Audio

8.5.1 Video: Identificación vs. Vigilancia Ambiental

La distinción entre **identificación de personas** y **vigilancia de ambiente** es crítica:

Diferencia Legal

- **Identificación** — La finalidad es capturar datos que permiten identificar a personas específicas. Ej: reconocimiento facial, captura de placas.
- **Vigilancia ambiental** — La finalidad es monitorear un área (seguridad, inspección). Si personas son capturadas incidentalmente, pero no se pueden identificar, puede haber menor nivel de protección.

Nota: Incluso en vigilancia ambiental, si es *posible* identificar a través de análisis posterior, es dato personal.

8.5.2 Audio: Restricción Más Estricta

La grabación de audio es **significativamente más restrictiva** bajo el RGPD y leyes nacionales. En la mayoría de jurisdicciones europeas, grabar conversaciones sin consentimiento está prohibido.

▶ Prohibición de Audio sin Consentimiento

- La grabación de audio de personas identificables **requiere consentimiento explícito** en prácticamente todas las operaciones.
- Algunos países (Francia, Alemania, España) requieren consentimiento de **todos los participantes** en una conversación (criterio "two-party consent").
- Violar esto puede resultar en **delito penal**, además de violación civil del RGPD.

8.5.3 Mitigación de Datos Personales en Video

Si el propósito de la operación no requiere identificar personas, el responsable debe implementar medidas técnicas para proteger la privacidad:

Técnica	Descripción
Pixelación	Desenfoque de rostros o placas que podrían identificar. Debe ser irreversible.
Máscara de rostro	Colocación de rectángulo negro sobre rostros en video. Efectivo si se aplica antes de compartir.
Anonimización	Eliminación completa de datos identificadores antes de procesamiento. Una vez anonimizado, ya no es "dato personal".
Pseudonimización	Reemplazo de identificadores con códigos. Los datos siguen siendo personales, pero menos directamente identificables.
Altitud/Resolución	Volar a altitud tal que rostros/placas sean irreconocibles. Menos confiable que técnicas de software.

Cuadro 8.4
Técnicas de minimización de datos personales en el material captado desde el aire.

Estrategia Recomendada

Si debe capturar video que incluye personas pero no necesita identificarlas:

1. Recopilar video en altitud/resolución que no permita identificación.
2. Antes de cualquier análisis o compartición: pixelar/desenfocar rostros y placas.
3. Documentar la medida tomada ("video pixelado antes de compartición").
4. Conservar original solo si es necesario por ley; de lo contrario, eliminar.

8.6 Derechos de los Interesados

El RGPD otorga a las personas cuyos datos se procesan derechos específicos. El responsable del tratamiento debe responder sin dilación indebida y, a más tardar, en el plazo de **un mes** desde la recepción de la solicitud (art. 12.3).

8.6.1 Derechos Principales

Derecho	Contenido
Acceso	Persona puede solicitar copia de sus datos y cómo se procesan. Operador debe proporcionarla en el plazo de un mes.
Rectificación	Si datos son inexactos, persona puede solicitar corrección. Ej: "esta foto no es mía".
Supresión ("Derecho al Olvido")	Persona puede solicitar eliminación de sus datos en ciertos casos (consentimiento revocado, datos no necesarios, objeción a intereses legítimos).
Restricción	Persona puede solicitar que datos se "congelen" mientras se verifica precisión o legalidad del procesamiento.
Portabilidad	Persona puede solicitar copia de sus datos en formato estructurado (JSON, CSV) para transferir a otro responsable.
Oposición	Persona puede objetar al procesamiento basado en intereses legítimos. Si prevalece, datos deben ser suprimidos.
Decisiones Automatizadas	Persona tiene derecho a no ser sometida a decisiones basadas solo en automatización (ej: rechazo de crédito por algoritmo).

Cuadro 8.5
Derechos de los interesados y contenido de cada uno.

8.6.2 Implicaciones para Operadores de UAS

Supongamos un operador de drone captura imágenes de una propiedad. Una persona identificada en las imágenes solicita supresión. El operador debe:

Proceso de Respuesta a Derechos

1. **Verificar identidad** — Confirmar que es la persona identificada (no requiere identidad formal, puede ser email verificado).
2. **Evaluar solicitud** — ¿Hay base legal para conservar datos? Si fue consentimiento revocado, debe suprimir. Si fue función pública o interés legítimo, puede objetar y documentar por qué.
3. **Ejecutar derecho** — Suprimir de todos sistemas (copia en servidor, backup, copia de trabajo).
4. **Informar** — Comunicar al interesado en el plazo de **un mes**, prorrogable **otros dos** si la solicitud es compleja, avisando de la prórroga dentro del primer mes.

8.7 Procedimiento Práctico de Cumplimiento

Para implementar el RGPD en operaciones de UAS, siga estos pasos:

8.7.1 Paso 1: Mapeo de Datos

Antes de cualquier operación, identifique:

1. ¿Qué datos personales se recopilarán? (rostros, placas, ubicación).
2. ¿Quiénes son los interesados? (propietarios, trabajadores, público).
3. ¿Cuál es la finalidad? (inspección, seguridad, tasación).
4. ¿Cuánto tiempo se conservarán?

8.7.2 Paso 2: Evaluación de Impacto (DPIA)

Si el tratamiento implica un **riesgo alto** para derechos y libertades, se debe realizar una Evaluación de Impacto sobre la Privacidad (DPIA - Data Protection Impact Assessment).

Riesgos altos típicos en UAS:

- Grabación sistemática de personas en zonas públicas.
- Captura de datos biométricos (reconocimiento facial).
- Combinación de datos de múltiples fuentes para perfilar personas.
- Procesamiento de datos sensibles (salud, religión, datos biométricos).

Contenido de una DPIA

- Descripción del procesamiento y finalidad.
- Evaluación de necesidad y proporcionalidad.
- Análisis de riesgos para derechos de interesados.
- Medidas técnicas y organizativas para mitigar riesgos.
- Consulta con autoridades (si es obligatorio).

8.7.3 Paso 3: Implementación Técnica y Organizativa

Medidas de Protección Recomendadas

- **Seguridad** — Encriptación de datos en tránsito y en reposo.
- **Acceso restringido** — Solo personal autorizado accede a datos.
- **Retención limitada** — Eliminar datos según plazo máximo documentado.
- **Registro de operaciones** — Guardar quién accedió, cuándo, por qué.
- **Contrato DPA** — Si usa subcontratistas (cloud, edición).

8.7.4 Paso 4: Información a Interesados

Proporcione información clara (Artículos 13-14 RGPD) sobre:

1. Identidad del responsable.
2. Finalidad del procesamiento.
3. Base legal
4. Destinatarios de datos.
5. Duración de conservación.
6. Derechos de los interesados (acceso, supresión, etc.).
7. Procedimiento para ejercer derechos.

El problema práctico es evidente: nadie puede entregar siete apartados de información a quien pasa por la acera mientras el dron está en el aire. La solución consolidada es el **modelo de dos capas**, tomado de la videovigilancia y perfectamente trasladable a una operación aérea:

- **Primera capa** — Un cartel visible en el acceso a la zona de la operación, con lo esencial y en pocas líneas.
- **Segunda capa** — La información completa de los artículos 13 y 14, disponible en una dirección web, en un documento que el operador lleve consigo o en el propio punto de control.

La primera capa no es un aviso genérico del tipo «se están tomando imágenes»: debe permitir a quien lo lee saber **quién** trata sus datos, **para qué, con qué amparo** y **cómo ejercer sus derechos**. Éste es un modelo con los campos mínimos:

ZONA DE OPERACIÓN CON DRON SE ESTÁN CAPTANDO IMÁGENES DESDE EL AIRE
Fecha y franja horaria: 12 de marzo, de 09:00 a 13:00
Responsable: [Nombre del operador UAS] N.º de operador: `ESP87astrdge12k`
Finalidad: Inspección técnica de la cubierta del edificio
Base legal: Ejecución de un contrato (art. 6.1.b RGPD)
Conservación: Las imágenes se suprimen a los 30 días, salvo obligación legal que imponga conservarlas
Derechos: Acceso, rectificación, supresión, limitación, oposición y portabilidad
Información completa y ejercicio de derechos: [dirección web del operador] [correo de contacto]

Figura 8.2

Modelo de cartel informativo de primera capa para una operación con dron

Dónde ponerlo y cuánto tiempo

El cartel sólo cumple su función si quien puede resultar afectado lo ve **antes** de entrar en la zona. Colócalo en los **accesos** al área de trabajo, no junto a la estación de pilotaje, y mantenlo mientras dure la operación.

Fotografíalo *in situ* y guarda la imagen con el resto de la documentación del vuelo: es la única prueba de que informaste, y su ausencia es lo primero que una autoridad de protección de datos echará en falta si alguien reclama.

▸ El cartel informa, no legitima

Un error frecuente es tratar el cartel como si convirtiera en lícito cualquier tratamiento. No lo hace. El cartel **cumple el deber de información** de los artículos 13 y 14; la licitud sigue dependiendo de que exista una **base legal** de las del artículo 6 —y, como se ha visto, el consentimiento rara vez es la adecuada en un vuelo—.

Tampoco sustituye a las medidas de minimización: si la operación puede diseñarse para no captar personas identificables, ésa sigue siendo la vía preferente, con cartel o sin él.

Además del cartel, y según el tipo de operación, la información puede completarse mediante la **página web del operador**, la **comunicación directa** a personas concretas cuando sean identificables y pocas, o el **aviso previo** a la comunidad de propietarios o al responsable del recinto donde se va a volar.

8.7.5 Paso 5: Respuesta a Solicitudes de Derechos

Establezca un procedimiento documentado:

- Designar responsable de privacidad o punto de contacto.
- Registrar todas las solicitudes (fecha, contenido, respuesta).
- Responder dentro del plazo de un mes.
- Documentar si se acepta o rechaza, y por qué.

8.8 Casos Prácticos

8.8.1 Caso 1: Operación Conforme al RGPD

Escenario: Una empresa de inspección de tejados debe fotografiar la fachada de edificios residenciales para sus informes de mantenimiento.

Problema: Las imágenes pueden capturar balcones con personas identificables, y placas de vehículos en la calle.

Solución conforme:

1. **Base legal:** Contrato con propietario del edificio (Artículo 6.1.b) — el tratamiento es necesario para ejecutar el contrato de inspección.
2. **Personas en balcones:** No son parte del contrato. Obtener consentimiento de propietario para capturar "cualquier persona visible incidentalmente" O volar a altitud/hora que minimice personas visibles.
3. **Placas de vehículos:** Anonimizar (pixelar) en las imágenes finales antes de entregarlas. Si es necesario para identificación de vehículo (ej: daño en estacionamiento), mantener sin pixelar pero documentar base legal (interés legítimo del propietario de identificar quién causó daño).
4. **Información:** Incluir en contrato: "Se capturarán imágenes aéreas; si identifica personas, serán pixeladas; datos conservados 2 años para garantía".
5. **Supresión:** Si persona solicita supresión de su imagen, suprimir y proporcionar versión pixelada al cliente si aún es necesaria.

Resultado: Operación conforme porque:

- Base legal clara (contrato).
- Medidas técnicas implementadas (pixelación).
- Información proporcionada
- Derechos de interesados facilitados.

8.8.2 Caso 2: Operación que Viola RGPD

Escenario: Municipalidad instala drones para "vigilancia de seguridad" en parques públicos. Captura video continuo, 8 horas/día, de visitantes. Ningún análisis específico; solo grabación.

Problemas identificados:

▶ Violaciones

1. **Sin base legal clara** — "Seguridad" es vago. ¿Qué amenaza específica justifica vigilancia sistemática de todos?
2. **Falta de proporcionalidad** — Grabar 8 horas/día a todos los visitantes es desproporcionado si no hay indicios de delito específico.
3. **Sin información a interesados** — Visitantes del parque no son informados de vigilancia. No hay cartel visible.
4. **Retención indefinida** — No se establece cuánto tiempo se conservan videos. RGPD requiere plazo específico.
5. **Sin evaluación de impacto (DPIA)** — Vigilancia sistemática requiere DPIA. No se realizó.
6. **Sin procedimiento de derechos** — Visitantes no pueden acceder a sus datos ni solicitar supresión.

Cómo corregir:

- Definir finalidad específica ("Detectar vandalismo en infraestructura X" — no vigilancia general).
- Realizar DPIA
- Instalar carteles: "Zona monitoreada por video. Contacto: [email]".
- Establecer retención: "Videos conservados 30 días; si delito es denunciado, se conservan 1 año para investigación".
- Crear procedimiento de derechos (acceso, supresión).
- Si posible, usar detección de movimiento para no grabar continuamente, reduciendo datos personales.

8.8.3 Caso 3: Notificación Correcta en Videoseguridad

Escenario: Empresa privada de vigilancia opera drones sobre su propiedad privada para detectar intrusiones. ¿Qué información debe proporcionar?

Información requerida (Artículo 13 RGPD):

> **Notificación Obligatoria**
>
> *"Vigilancia de Seguridad por Drone*
> La propiedad [ubicación] está bajo vigilancia de seguridad mediante sistema de drone para detección de accesos no autorizados.
> **Responsable:** [Nombre empresa], [contacto], [email]
> **Finalidad:** Protección de bienes y seguridad de personal autorizado
> **Base legal:** Intereses legítimos (seguridad de propiedad)
> **Datos:** Video de personas en área de vigilancia
> **Duración:** Videos conservados 30 días (15 si sin incidentes); 1 año si hay delito denunciado
> **Destinatarios:** Policía (solo si delito es denunciado); personal de seguridad autorizado
> **Derechos:** Puede solicitar acceso, rectificación o supresión escribiendo a [email]. Respuesta en el plazo de un mes."

8.9 Preguntas Frecuentes y Errores Comunes

8.9.1 ¿El RGPD se aplica si la finalidad es seguridad?

Respuesta: Sí. La seguridad no es excepción al RGPD. Incluso si vuela sobre propiedad privada con finalidad de seguridad, si captura datos personales (personas identificables), debe cumplir RGPD. La "seguridad" puede ser una *base legal válida* (intereses legítimos), pero no exime de proporcionar información o responder solicitudes de derechos.

8.9.2 ¿Puedo grabar video sin consentimiento si es para mi propia seguridad?

Respuesta: Depende de circunstancias. Si es propiedad privada y personas saben que pueden ser grabadas (cartel visible), puede estar justificado por intereses legítimos. Si es propiedad pública o personas no tienen conocimiento, requiere consentimiento o DPIA que demuestre que beneficio de seguridad supera derecho de privacidad.

8.9.3 ¿Puedo anonimizar datos en video capturando a baja resolución?

Respuesta: No es anonimización verdadera si la baja resolución se puede revertir (upscaling por IA). Anonimización requiere irreversibilidad. Es mejor usar pixelación técnica o volar a altitud tal que rostros sean naturalmente no identificables incluso con zoom.

8.9.4 ¿Qué pasa si una persona aparece incidentalmente en video?

Respuesta: Si es identificable (posible conectar a persona específica), es dato personal y se aplica RGPD. "Incidental" no es excepción. Debe tener base legal (consentimiento, intereses legítimos, función pública) y proporcionar información.

8.9.5 ¿Cuánto tiempo puedo conservar videos después de la operación?

Respuesta: El RGPD impone una limitación del plazo de conservación (artículo 5.1.e): sólo el tiempo necesario para la finalidad que justificó la captación. **No fija un número de días**, ni para drones ni para nada: eres tú quien debe determinar el plazo, documentarlo y poder justificarlo.

El razonamiento correcto es vincular el plazo a un **hito verificable** de tu actividad, no elegir una cifra redonda:

- **Inspección técnica** — Mientras el informe pueda ser objeto de revisión o reclamación por el cliente.
- **Vigilancia sin incidente** — Un plazo corto, el mínimo que dé margen a detectar algo. Varios Estados fijan un máximo legal para videovigilancia; comprueba el tuyo.
- **Material con un procedimiento abierto** — Mientras dure el procedimiento judicial o administrativo que obliga a conservarlo.
- **Tasación o peritaje** — Mientras dure el proceso al que sirve de soporte.

Después del plazo, debe eliminar (o anonimizar si conserva para fines estadísticos).

8.9.6 ¿Qué es un "Delegado de Protección de Datos" y lo necesito?

Respuesta: Un Delegado de Protección de Datos (DPD/DPO) es responsable de supervisar cumplimiento de RGPD. Es **obligatorio** si:

- Es organismo público.
- Su actividad principal requiere seguimiento sistemático a gran escala (ej: vigilancia masiva).
- Procesa datos especiales a gran escala.

Para operadores de UAS pequeños, no es obligatorio, pero si procesa datos sensibles o a escala significativa, es recomendable designar un responsable interno de privacidad.

8.9.7 ¿Puedo transferir datos a países fuera de la UE?

Respuesta: Sí, pero por una de dos vías: que exista **decisión de adecuación** de la Comisión Europea, o que implementes **salvaguardas** como las cláusulas contractuales tipo.

El caso de **Estados Unidos** merece precisión, porque es donde están casi todos los servicios en la nube y porque la respuesta cambió en 2023:

- No existe una adecuación general para EE. UU.
- Sí existe el **Marco de Privacidad de Datos UE-EE. UU.** (*EU-US Data Privacy Framework*), adoptado en julio de 2023, que **sí ampara** las transferencias a las organizaciones estadounidenses **certificadas** en él.
- Si tu proveedor **no** está certificado, necesitas cláusulas contractuales tipo y una evaluación de impacto de la transferencia.

Comprueba la certificación, no la marca

Antes de contratar almacenamiento, verifica en la lista oficial del programa si esa entidad concreta está certificada. Que un proveedor sea grande y conocido no implica que la filial que te presta servicio esté adherida.

Ten en cuenta además que el marco está **sujeto a impugnación judicial**: sus dos antecesores —Puerto Seguro y Escudo de Privacidad— fueron anulados por el Tribunal de Justicia. Conviene no construir tu arquitectura de datos sobre la premisa de que durará indefinidamente.

Para el resto de destinos, consulta la lista de decisiones de adecuación vigentes de la Comisión Europea, que se actualiza periódicamente.

8.10 Resumen

1. **Comprueba primero si te aplica** — El artículo 2.2.c excluye la actividad **exclusivamente personal o doméstica**. La excepción se pierde en cuanto captas espacio público, difundes el material o cobras por el vuelo.
2. **Si te aplica, se aplica entero** — Si captas datos personales (rostros, ubicación, matrículas), cumples el RGPD con independencia del tamaño de tu operación.
3. **Necesitas base legal** — Consentimiento, contrato, obligación legal, intereses vitales, misión pública o interés legítimo. Sin base legal, el tratamiento es ilícito.
4. **El consentimiento suele ser la peor opción** — No puedes obtenerlo de terceros incidentales, es revocable, y el permiso del dueño del terreno no es consentimiento del interesado. Lo habitual es **interés legítimo** con ponderación documentada, o **contrato** con el cliente.
5. **Mitigar es mejor que legitimar** — Encuadre, altura, resolución y borrado selectivo evitan el problema; buscar base legal para datos que no necesitabas captar, no.
6. **Audio requiere protección extra** — Grabar conversaciones sin consentimiento es muy restrictivo o prohibido en la mayoría de casos.
7. **Implemente medidas técnicas** — Pixelación, mitigación de altitud, restricción de acceso, encriptación.
8. **Información es obligatoria** — Debe informar a personas sobre procesamiento de datos (cartel, email, web).
9. **Derechos de interesados** — Estar preparado para responder solicitudes de acceso, supresión y portabilidad en el plazo de **un mes** (art. 12.3), prorrogable otros dos si la solicitud es compleja.
10. **DPIA si riesgo alto** — Vigilancia sistemática, datos biométricos, datos sensibles requieren evaluación de impacto.
11. **Documentar todo** — Consentimiento, solicitudes de derechos, evaluaciones de impacto, retención de datos.

12. **Sanciones son severas** — Hasta EUR 20 millones o 4 % facturación global. Demandas civiles también son posibles.

8.11 Referencias Normativas

Normativa Aplicable

- **Reglamento (UE) 2016/679** — Reglamento General de Protección de Datos (RGPD)
  - Artículo 4: Definiciones (dato personal, responsable, encargado).
  - Artículo 6: Legalidad del tratamiento.
  - Artículo 9: Categorías especiales de datos (biométricos, sensibles).
  - Artículos 13-14: Información a interesados.
  - Artículos 15-22: Derechos de interesados.
  - Artículo 35: Evaluación de impacto (DPIA).
- **Reglamento de Ejecución (UE) 2019/947** — Operaciones con UAS
  - **Artículo 14**: Registro de operadores. Obliga a registrarse cuando el UAS incorpora un sensor capaz de captar datos personales, con independencia de su masa. Es el punto donde la normativa aeronáutica y la de protección de datos se cruzan.
  - **Artículo 15**: Zonas geográficas UAS. Los Estados pueden restringir el vuelo por motivos de privacidad, además de por seguridad.
  - **Anexo, UAS.SPEC.050**: Registros del operador en categoría específica, que pueden contener datos personales del personal.
- **Reglamento (UE) 2018/1807** — Flujo libre de datos no personales (aplicable si operador es UE).
- **Real Decreto 517/2024** — Implementación española
  - Complementa RGPD con requerimientos nacionales específicos.

8.11.1 Recursos de Autoridades

Autoridad	Recurso
AEPD (España)	https://www.aepd.es/ Guías sobre RGPD en videovigilancia, tratamiento de datos, cálculo de sanciones Email: contacto@aepd.es
Autoridades autonómicas	Delegaciones de Protección de Datos en cada Comunidad Autónoma
EDPB (Junta Europea)	https://edpb.ec.europa.eu/ Orientaciones sobre RGPD (Directrices, Opiniones)
Comisión UE	https://ec.europa.eu/info/law/law-topic/data-protection_en

Cuadro 8.6
Autoridades de protección de datos y recursos que publican.

8.11.2 Enlaces Útiles

- **AEPD — Videovigilancia y drones.**
  https://www.aepd.es/es/derechos-y-deberes/
  ↪ ciudadano/videovigilancia
- **AEPD — Guía sobre sanciones.**
  https://www.aepd.es/es/prensa-y-comunicacion/
  ↪ comunicaciones-en-prensa/guia-sanciones-administrativas
- **EDPB — Directrices sobre consentimiento.**
  https://edpb.ec.europa.eu/our-work-tools/our-documents/
  ↪ guidelines/
  ↪ guidelines-52001-european-data-protection-board_en

Capítulo 9

Registro Documental y Logbooks

9.1 Introducción

El registro documental es la piedra angular de la demostración de cumplimiento regulatorio en operaciones UAS. Mientras que en aviación tripulada la documentación es una práctica establecida, en el mundo de los drones muchos operadores aún consideran los registros como un trámite burocrático secundario. Sin embargo, ante un accidente, una inspección regulatoria o un incidente legal, la documentación completa y actualizada es la única prueba de que se han seguido procedimientos correctos.

El Reglamento de Ejecución (UE) 2019/947, en el punto UAS.SPEC.050 de su Anexo Parte B, establece requisitos para mantener registros de operaciones, pilotos, aeronaves y personal. Este capítulo proporciona un enfoque práctico sobre qué registrar, cómo organizarlo y cómo cumplir con los requisitos de auditoría.

Objetivo del Capítulo

Al completar este capítulo, comprenderás:

- El marco legal de los registros: UAS.SPEC.050 del Anexo Parte B.
- Qué información debe incluirse en logbooks de pilotos y aeronaves.
- Cómo organizar registros de operaciones por categoría.
- Requisitos de retención de documentos.
- Cómo prepararse para inspecciones y auditorías.
- Formatos recomendados y plantillas prácticas.

9.2 Marco Legal: Requisitos Documentales Según EASA

9.2.1 Fundamento Regulatorio

La obligación de llevar registros no está en el articulado del Reglamento de Ejecución (UE) 2019/947, sino en su **Anexo, Parte B**, dentro del punto **UAS.SPEC.050**, que enumera las responsabilidades del operador UAS en categoría específica.

Su apartado (1)(g) obliga al operador a mantener registros actualizados de **tres materias**:

1. Las **cualificaciones y la formación** completadas por el piloto remoto y por el personal de mantenimiento.
2. Las **actividades de mantenimiento** realizadas sobre el UAS.
3. La **información sobre las operaciones**, incluidos los sucesos técnicos u operacionales inusuales.

► Dónde buscar la obligación

Es habitual encontrar citada una inexistente «Parte 6» del Reglamento 2019/947 a propósito de los registros. El reglamento **no tiene partes numeradas**: su Anexo se organiza en **Parte A** (categoría abierta), **Parte B** (categoría específica) y **Parte C** (LUC). La obligación de registros vive en **UAS.SPEC.050** dentro de la Parte B.

Estos registros sirven múltiples propósitos:

1. **Conformidad regulatoria** — Demostrar que se cumplen los requisitos de (UE) 2019/947.
2. **Trazabilidad operativa** — Rastrear quién operó, cuándo, dónde y bajo qué condiciones.
3. **Análisis de seguridad** — Identificar patrones de riesgo o deficiencias.
4. **Defensa legal** — Evidencia en caso de incidente, accidente o litigio.
5. **Auditoría interna** — Mecanismo de control de calidad operativo.

Buena Práctica Organizacional

Designa a una persona responsable de mantener actualizado el archivo de registros. Esta función puede combinarse con el rol de coordinador de seguridad en operaciones más grandes.

9.2.2 Requisitos por Categoría de Operación

Las obligaciones de registro varían según la categoría de operación:

Categoría	**¿Registros obligatorios?**	**Base**
Abierta (A1, A2, A3)	No	Sin obligación de llevar registros
Específica	**Sí**	UAS.SPEC.050(1)(g): formación, mantenimiento y operaciones
Certificada	**Sí**	Régimen propio, próximo al de la aviación tripulada

Cuadro 9.1
Obligación de llevar registros según la categoría de operación. En categoría Abierta no existe tal obligación.

En categoría Abierta no hay obligación, ni siquiera en A2

Conviene ser preciso: la categoría Abierta **no impone llevar registros** en ninguna de sus tres subcategorías. Tampoco en A2.
Dicho lo cual, llevarlos sigue siendo muy recomendable. Si algún día das el salto a categoría específica, el historial acumulado te servirá para acreditar experiencia; y ante una reclamación por daños, un registro ordenado es la mejor prueba de que operabas con diligencia.

9.3 Logbook del Piloto: Requisitos y Contenido

9.3.1 ¿Qué es un Logbook de Piloto?

El logbook (bitácora) del piloto es un registro personal que documenta cada operación realizada por un operador remoto. Cumple dos funciones críticas:

1. **Demostración de experiencia** — Acumula horas de vuelo que respaldan certificaciones.
2. **Trazabilidad legal** — Registra dónde, cuándo y bajo qué condiciones se operó.

9.3.2 Contenido Mínimo Recomendado del Logbook de Piloto

Un logbook de piloto útil y defendible ante una inspección debería recoger, como mínimo:

Campo	Descripción
Fecha	Fecha completa (DD/MM/AAAA)
Hora local inicio	Hora UTC u hora local con zona horaria indicada
Hora local fin	Hora de finalización del vuelo
Duración en vuelo	Tiempo total en minutos
Tipo de aeronave	Modelo exacto del dron
Matrícula o número de serie	Identificador único de la aeronave
Lugar de despegue	Ubicación geográfica (ciudad, zona específica)
Lugar de aterrizaje	Ubicación de retorno (puede coincidir con despegue)
Tipo de operación	Abierta, Específica, Certificada; categoría concreta
Naturaleza de la operación	Recreativa, comercial, inspección, agricultura, etc.
Condiciones meteorológicas	Viento (velocidad, dirección), visibilidad, precipitación
Altura máxima alcanzada	En metros sobre el nivel del terreno (AGL) o MSL
Distancia máxima del piloto	Radio operativo máximo
Observador (si aplica)	Nombre de la persona que monitoreó visualización
Incidentes o anomalías	Descripción breve de cualquier evento anómalo
Firma del piloto	Autenticación de la entrada

Cuadro 9.2

Contenido mínimo recomendado para el logbook del piloto.

Precisión en Registros

Completa el logbook **inmediatamente después de cada operación**, mientras los detalles aún son frescos en la memoria. No esperes a fin de semana o fin de mes para rellenar múltiples entradas; esto reduce precisión y crea lagunas de credibilidad.

9.3.3 Ejemplo de Ficha de Operación del Piloto

Así se traduce lo anterior a una ficha real. Cada entrada ocupa un bloque numerado, con los datos de vuelo arriba y el espacio de observaciones abajo:

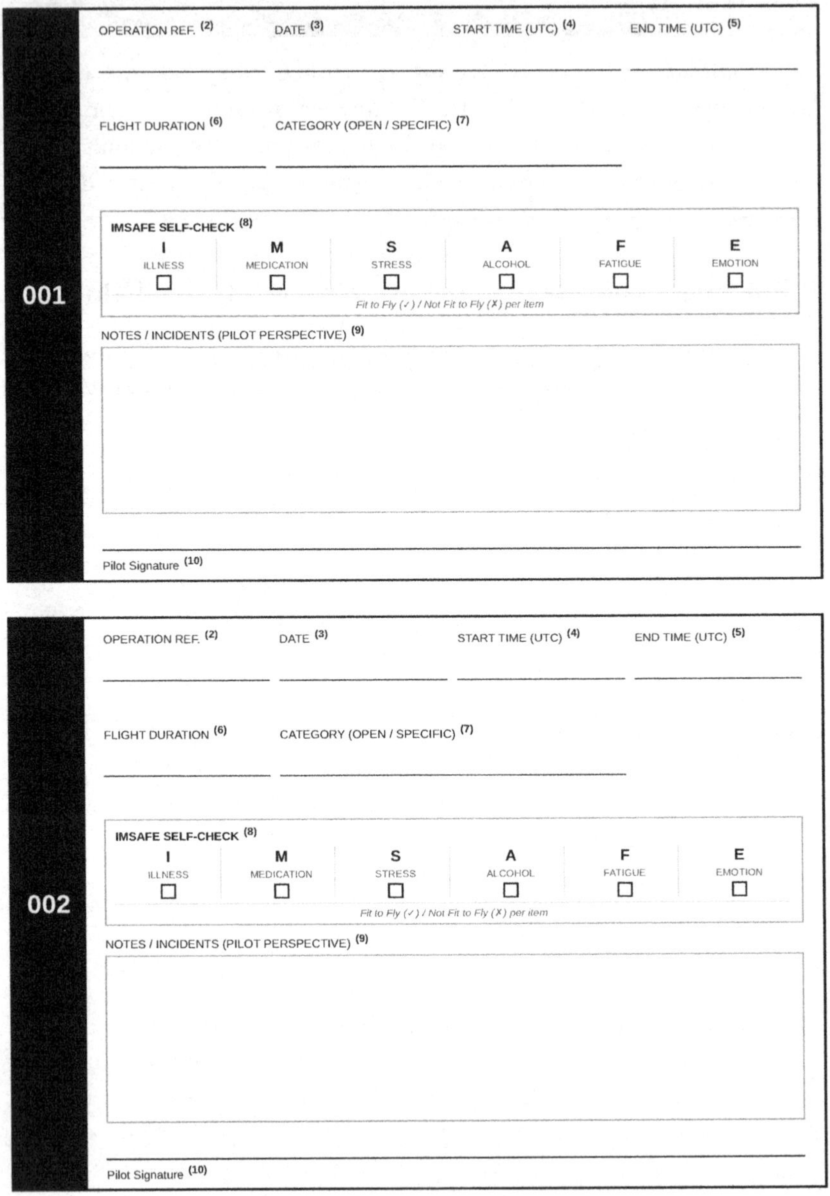

001

OPERATION REF. (2) | DATE (3) | START TIME (UTC) (4) | END TIME (UTC) (5)

FLIGHT DURATION (6) | CATEGORY (OPEN / SPECIFIC) (7)

IMSAFE SELF-CHECK (8)

I	M	S	A	F	E
ILLNESS	MEDICATION	STRESS	ALCOHOL	FATIGUE	EMOTION
☐	☐	☐	☐	☐	☐

Fit to Fly (✓) / Not Fit to Fly (✗) per item

NOTES / INCIDENTS (PILOT PERSPECTIVE) (9)

Pilot Signature (10)

002

OPERATION REF. (2) | DATE (3) | START TIME (UTC) (4) | END TIME (UTC) (5)

FLIGHT DURATION (6) | CATEGORY (OPEN / SPECIFIC) (7)

IMSAFE SELF-CHECK (8)

I	M	S	A	F	E
ILLNESS	MEDICATION	STRESS	ALCOHOL	FATIGUE	EMOTION
☐	☐	☐	☐	☐	☐

Fit to Fly (✓) / Not Fit to Fly (✗) per item

NOTES / INCIDENTS (PILOT PERSPECTIVE) (9)

Pilot Signature (10)

Figura 9.1
Ficha de operación del piloto, con autochequeo IMSAFE previo al vuelo

El autochequeo IMSAFE

La fila central de la ficha aplica un método tomado de la aviación tripulada: antes de cada vuelo, el piloto se evalúa a sí mismo en seis factores y marca si está apto o no en cada uno.
Illness (enfermedad) · **M**edication (medicación) · **S**tress (estrés) · **A**lcohol · **F**atigue (fatiga) · **E**motion (estado emocional)
No es un requisito reglamentario, pero sí una de las prácticas que más accidentes evita, porque obliga a hacer explícita una decisión que de otro modo se toma sin pensarla. Un piloto que ha dormido cuatro horas rara vez cancela por iniciativa propia; enfrentado a una casilla que debe marcar y firmar, lo hace más a menudo.

9.3.4 Información Recomendada (Pero No Obligatoria)

Para mejorar el valor defensivo del logbook, considera añadir:

- **Fotografía de la zona** — Muestra visibilidad real en el momento.
- **Espacio aéreo usado** — Zona de tránsito, zona UAS, etc.
- **Equipamiento especial** — Cámara térmica, sensor multispectral, etc.
- **Contacto con ATC** — Si se realizó coordinación con control aéreo.
- **Energía de batería** — Porcentaje de carga al inicio y fin.
- **Distancia total recorrida** — Acumulada por el dron.
- **Número de baterías usadas** — Para correlacionar con logbook de aeronave.

9.3.5 Logbook Digital vs. Papel

Ventajas del Logbook Digital

- **Automatización** — Algunos drones exportan datos automáticamente.
- **Búsqueda rápida** — Localizar vuelos por fecha, ubicación, tipo.
- **Sincronización** — Múltiples pilotos en equipo compartiendo datos.
- **Gráficas** — Análisis de horas de experiencia por tipo de operación.
- **Copia de seguridad** — Disponible en nube; protección contra pérdida física.

Ventajas del Logbook en Papel

- **Autenticidad** — Difícil de falsificar; firma original del piloto.
- **Independencia** — No depende de software o plataformas.
- **Claridad legal** — Reconocido en procesos legales tradicionales.
- **Portabilidad** — Accesible sin conexión a internet.

Recomendación Práctica

Usa **logbook digital como sistema principal** (más eficiente), pero **mantén una copia impresa trimestral** como respaldo defensivo. Así combinas lo mejor de ambos mundos: automatización + autenticidad.

9.4 Logbook de la Aeronave: Requisitos y Mantenimiento

9.4.1 ¿Qué es un Logbook de Aeronave?

El logbook de la aeronave documenta el historial completo de la máquina: configuración inicial, operaciones, mantenimiento, reparaciones y estado de cada componente. Es esencial para demostrar que la aeronave ha sido correctamente mantenida y que cualquier defecto fue identificado y reparado a tiempo.

9.4.2 Información Obligatoria en Logbook de Aeronave

Cada entrada de aeronave debe incluir:

Campo	Descripción
Identificación aeronave	Fabricante, modelo, número de serie
Clase / Marcado CE	C0, C1, C2, C3, C4, C5, C6
Matrícula / Identificador único	Número de registro nacional
Fecha de adquisición	Cuándo entra en operación
Historial de vuelos	Total de horas de vuelo acumuladas
Número de ciclos	Despegues y aterrizajes (si es relevante)
Estado de batería	Número de ciclos de carga, fecha última sustitución
Hélices	Fabricante, número de serie, fecha de sustitución
Motores/Actuadores	Estado, ciclos, comportamiento anómalo
Cámara/Carga útil	Tipo, resolución, último calibrado
Sistema de comunicaciones	Frecuencia, potencia, última revisión
Defectos reportados	Cualquier problema identificado durante operación
Mantenimiento realizado	Limpieza, sustitución de piezas, revisión técnica
Daños / Reparaciones	Descripción, causa, reparación aplicada
Servicio técnico realizado	Qué técnico, cuándo, qué se hizo
Próximo mantenimiento	Fecha o horas previstas
Firma de operador/técnico	Autenticación de entrada

Cuadro 9.3
Información que debe recoger el logbook de la aeronave.

9.4.3 Ejemplo de Registro de Mantenimiento

Llevado a un formulario, el registro de mantenimiento se resuelve con pocas columnas y muchas filas, porque lo que importa es la continuidad de la serie:

Maintenance & Repair Log

Record of all maintenance, repairs and modifications performed

DATE (1)	FH AT MAINT. (2)	COMPONENT (3)	TYPE (4)	DESCRIPTION (5)	RESPONSIBLE (6)	SIGNATURE (7)

Figura 9.2

Registro de mantenimiento y reparaciones, indexado por horas de vuelo

La columna que marca la diferencia: horas de vuelo

La segunda columna anota las **horas de vuelo acumuladas** en el momento de la intervención, no sólo la fecha. Es un detalle que cambia el valor del registro.
Con fechas sabes *cuándo* hiciste algo. Con horas sabes *cuánto había volado* el aparato cuando lo hiciste, que es la magnitud con la que trabajan los intervalos del fabricante y la que permite detectar que un componente falla siempre en torno a las mismas horas. Un historial fechado documenta; uno indexado por horas, además, predice.

9.4.4 Ciclo de Mantenimiento Recomendado

Mantenimiento Preventivo Antes de Cada Vuelo

- Inspección visual del fuselaje (grietas, deformaciones).
- Comprobación de hélices (sin daños, correctamente fijadas).
- Revisión de baterías (nivel de carga, conexiones seguras).
- Prueba de movimiento de superficies de control.
- Comprobación de antena y sistemas de comunicación.
- Registro de cualquier anomalía detectada.

Mantenimiento Periódico (Cada 10-25 Horas de Vuelo)

- Limpieza interna de filtros de aire (si aplica).
- Revisión de conectores eléctricos.
- Comprobación de calibración de sensores.
- Limpieza de lentes de cámara.
- Evaluación del estado de las baterías.
- Revisión de sistemas de seguridad (return-to-home, geofence).

Mantenimiento Mayor (Anual o Cada 50-100 Horas)

- Revisión técnica completa por técnico certificado.
- Sustitución de componentes desgastados (baterías, hélices).
- Calibración completa de sistemas de navegación.
- Pruebas de alcance de comunicación.
- Evaluación de firmware y actualizaciones críticas.
- Certificación de aeronavegabilidad.

▶ Cumplimiento de Especificaciones del Fabricante

No improvises calendarios de mantenimiento. Consulta siempre el manual del fabricante del dron. Algunos modelos requieren intervalos más cortos; otros especifican componentes específicos de sustitución. El incumplimiento de estas especificaciones anula garantías y puede resultar en prohibición de operación si se detecta en inspección regulatoria.

9.5 Un Sistema de Tres Registros

Las fichas que has visto en las páginas anteriores no son formularios sueltos: forman un **sistema**, y ahí reside su utilidad.

La clave está en las referencias cruzadas. La ficha de operación incluye los campos *aeronave (ref.)* y *piloto (ref.)*; la ficha del piloto incluye *operación (ref.)*. Cada vuelo queda así anclado a tres registros que apuntan unos a otros, de modo que desde cualquiera de ellos puedes reconstruir el conjunto.

Por qué importa el anclaje cruzado

Imagina que dieciocho meses después de un vuelo aparece una reclamación. Con registros inconexos tendrías que reconstruir la operación de memoria. Con el sistema anclado, partes del número de operación y en tres saltos tienes: quién voló y en qué condiciones personales, con qué aeronave y con qué mantenimiento al día, bajo qué escenario y con qué meteorología. Ésa es la diferencia entre *tener papeles* y *poder demostrar algo.*

Las plantillas pueden llevarse en hoja de cálculo, pero muchos operadores prefieren el papel: no depende de batería ni cobertura, se rellena en campo con guantes puestos, y una firma manuscrita fechada tiene un valor probatorio que un archivo editable no siempre alcanza.

Con ese criterio he publicado en DroneBooks tres cuadernos, uno por cada una de las tres materias que exige registrar el punto **UAS.SPEC.050(1)(g)**.

9.5.1 Drone Aircraft Logbook

Figura 9.3
Drone Aircraft Logbook — cuaderno de registro de aeronave

Cubre la exigencia de documentar las **actividades de mantenimiento** realizadas sobre el UAS. Además del registro de mantenimiento y reparaciones reproducido antes, incluye:

- **Ficha identificativa de la aeronave** — Marca, modelo, número de serie, clase, MTOM y datos del operador.
- **Seguimiento individualizado de baterías** — Un bloque por cada batería, con sus ciclos y su degradación. Es donde antes se detecta un problema de autonomía.
- **Programa de mantenimiento** — Los intervalos del fabricante, para no depender de la memoria.
- **Resumen de operaciones** y **fichas de vuelo** por aeronave, que alimentan el contador de horas.

142 páginas.

9.5.2 Drone Pilot Logbook

Figura 9.4
Drone Pilot Logbook — bitácora personal del piloto remoto

Acredita la **cualificación y formación** del personal, y construye el historial de experiencia que necesitarás al dar el salto a la categoría específica. Junto a las cien fichas de operación con autochequeo IMSAFE, contiene:

- **Ficha personal del piloto** — Identificación, certificaciones obtenidas y sus **fechas de caducidad**, y aptitud médica cuando proceda.
- **Resumen de operaciones** — Tabla corrida con número de operación, horas de inicio y fin, duración y categoría, para totalizar horas sin recontar fichas.
- **Páginas de notas** — Para formación recibida, observaciones y recordatorios de renovación.

126 páginas.

9.5.3 Drone Operations Logbook

Figura 9.5

Drone Operations Logbook — registro de operaciones

Cubre la **información sobre las operaciones**, incluidos los sucesos técnicos u operacionales inusuales. Es el más extenso de los tres, con **ciento veinte fichas** como la reproducida antes, y añade:

- **Ficha del operador UAS** — Datos de registro, número de operador y seguro en vigor, para tenerlos a mano en una inspección.
- **Resumen de operaciones** — Índice corrido que permite localizar una ficha concreta sin hojear el cuaderno entero.
- **Hoja de campo imprimible** en A4 — La que permite el flujo de dos tiempos descrito antes, con varios equipos operando a la vez y el cuaderno a salvo en la oficina.

142 páginas.

9.5.4 Qué Cuaderno Necesitas

Materia a registrar	**Aircraft**	**Pilot**	**Operations**
Mantenimiento de la aeronave	Sí	—	—
Cualificación y formación del personal	—	Sí	—
Información sobre las operaciones	—	—	Sí
Horas acumuladas	Sí	Sí	Sí
Condiciones meteorológicas	—	Sí	Sí
Sucesos e incidencias	Sí	—	Sí
Listas de comprobación	Sí	Sí	Sí

Cuadro 9.4
Reparto de las materias del UAS.SPEC.050(1)(g) entre los tres cuadernos. Se complementan, no se solapan.

Los tres se complementan, no se solapan

Cada cuaderno responde a una de las tres materias del UAS.SPEC.050(1)(g), de modo que un operador en categoría específica los necesita los tres para cubrir la obligación completa. Si operas en **categoría Abierta**, donde no hay obligación de registro, el más útil por sí solo es el **de piloto**: es el que construye tu historial de experiencia, y ése te acompaña aunque cambies de dron o de empresa.

Los tres son cuadernos impresos en formato DIN-A4, con encabezados de columna en **cinco idiomas** —español, inglés, alemán, francés e italiano—, pensados para que sirvan igual en una inspección dentro o fuera de España.

Información completa

Contenido detallado, índice y dónde adquirirlo en:
`https://dronebooks.eu`

9.6 Registro de Operaciones: Procedimiento Organizativo

9.6.1 Niveles de Registro

En operaciones de categoría específica y certificada, es útil organizar registros en **tres niveles**:

Nivel	Contenido	Frecuencia
1: Vuelo individual	Logbook piloto + logbook aeronave	Cada vuelo
2: Operación diaria	Resumen de todos los vuelos + condiciones	Cada día de operación
3: Informe mensual	Análisis de tendencias, incidentes, mantenimiento	Mensual

Cuadro 9.5
Niveles de registro documental y periodicidad de cada uno.

9.6.2 Ejemplo de Ficha de Operación

La ficha de operación es la pieza más extensa del sistema, porque es la que un inspector pedirá primero. Reúne en una sola página todo lo que define el vuelo:

OPERATION NO. (1) **001**

FLIGHT DATA

DATE (2)	START TIME (3)	END TIME (4)
DURATION (5)	AIRCRAFT (REF.) (6)	PILOT (REF.) (7)

ROUTE

DEPARTURE — LOCATION / COORDINATES (8)	DESTINATION — LOCATION / COORDINATES (9)

FLIGHT PROFILE

FLIGHT RULE (10) ☐ VLOS ☐ BVLOS	MAX. ALTITUDE AGL (11)	UNINVOLVED PERSONS OVERFLOWN (12) ☐ Yes ☐ No

OPERATIONAL SCENARIO (13)

☐ STS-01 ☐ STS-02 ☐ PDRA ☐ Operational Authorization ☐ Open Category ☐ Other

WEATHER CONDITIONS (14)

AIRSPACE / NOTIFICATIONS (15)

LANDINGS & WAYPOINTS LOG

NO. (16)	TYPE (17)	TIME (UTC) (18)	LOCATION (19)	ALT. AGL (20)	NOTES (21)
1					
2					
3					
4					
5					
6					

INCIDENTS / NOTES (22)

Printed Name

Remote pilot in command signature (23)

Figura 9.6

Ficha de operación, con referencias cruzadas a aeronave y piloto

Obsérvese cómo se organiza: datos de vuelo, ruta, perfil —VLOS o BVLOS, altura máxima, si se sobrevoló a personas ajenas—, escenario operacional, meteorología, espacio aéreo, registro de aterrizajes y, al pie, la firma del piloto al mando.

Dos casillas que valen por media auditoría

Dos campos de esta ficha concentran buena parte de su valor probatorio:

«Personas ajenas sobrevoladas: sí / no». Obliga a pronunciarse por escrito sobre la cuestión que determina la legalidad de la operación en categoría Abierta. Es incómodo de marcar, y por eso funciona.

El escenario operacional —STS-01, STS-02, PDRA, autorización operacional o categoría Abierta—. Fuerza a identificar bajo qué régimen se voló, que es exactamente lo primero que se pregunta cuando algo sale mal.

9.6.3 El Problema del Cuaderno Único: la Hoja de Campo

Un registro encuadernado tiene una virtud —las páginas no se reordenan ni se pierden— y un inconveniente evidente: **sólo puede estar en un sitio a la vez**.

Eso choca con la realidad de cualquier operador que crezca un poco. Si tienes dos equipos trabajando el mismo día en emplazamientos distintos, con dos aeronaves y dos operaciones diferentes, el cuaderno no puede acompañar a ambos. Y llevarlo al campo tiene su propio riesgo: es el único ejemplar, y el campo es donde se moja, se pierde y se queda en el maletero de otro.

El flujo de dos tiempos

La solución consiste en separar la **toma del dato** de su **asiento definitivo**:

1. El cuaderno permanece **en la oficina**, como registro maestro.
2. Cada equipo lleva al campo una **hoja suelta** impresa, con los mismos campos que la ficha del cuaderno.
3. El responsable en campo la cumplimenta **in situ**, cuando los datos están frescos, y la firma.
4. De vuelta en la oficina, el contenido se **transcribe** a la ficha del cuaderno, que recibe su número de operación.
5. La hoja original, ya firmada en campo, **se archiva en el expediente de esa operación**.

La hoja no se tira: es parte del expediente

Este último paso es el que mucha gente se salta, y es el que aporta valor. La hoja rellenada en campo se conserva junto al resto de documentación de esa operación concreta: autorizaciones y permisos, evaluación de riesgos, comunicaciones con terceros y propietarios.

Así el expediente de la operación queda completo y, además, dispones de **dos registros del mismo vuelo**: el asiento en el cuaderno y el documento firmado en el emplazamiento y en el momento. Si alguna vez se discute la exactitud de una anotación, el segundo respalda al primero.

Transcribe el mismo día

El flujo de dos tiempos sólo funciona si el segundo tiempo llega. Fija la norma de transcribir al volver, no «cuando haya un rato»: una carpeta con quince hojas de campo sin asentar es exactamente el desorden que el cuaderno venía a evitar.

El *Drone Operations Logbook* incorpora esta hoja como **formulario imprimible en A4**, con la instrucción de uso en la cabecera y un espacio para asignar a mano el número de operación al archivarla.

9.6.4 Almacenamiento y Organización Recomendada

Estructura de Carpetas (Sistema de Archivo Digital)

```
Operaciones_NOMBREEMPRESA/
2026/
Enero/
Piloto1/
vuelos_enero.xlsx
mantenimiento_enero.pdf
incidentes_enero.txt
Piloto2/
Aeronave1/
logbook_aeronave1.xlsx
mantenimiento_aeronave1.pdf
reportes_reparacion.pdf
Febrero/
(... otros meses)
Certificaciones/
Certificado_Piloto1_2026.pdf
Certificado_Operador_AESA.pdf
Seguro_Responsabilidad_Civil.pdf
Procedimientos/
Manual_Operaciones.pdf
Checklist_PreVuelo.pdf
Protocolo_Incidentes.pdf
Auditorias/
Auditoria_Interna_Julio_2026.pdf
Inspección_AESA_Marzo_2026.pdf
```


9.6.5 Períodos de Retención de Registros

El punto **UAS.SPEC.050(1)(g)** fija un mínimo de **3 años**. El cómputo no es igual para los tres tipos de registro:

Tipo de registro	Mínimo	Desde cuándo se cuenta
Cualificación y formación del personal	3 años	Desde que la persona deja la organización o cambia de puesto
Actividades de mantenimiento	3 años	Desde la actividad registrada
Operaciones y sucesos inusuales	3 años	Desde la operación registrada

Cuadro 9.6
Períodos mínimos de conservación de los registros y momento desde el que se cuentan.

Política de Retención Recomendada

Tres años es el **mínimo legal**, no un plazo de destrucción. Conservarlos más tiempo apenas cuesta espacio en formato digital y aporta dos ventajas: el historial completo de la aeronave permite detectar patrones de fallo a largo plazo, y ante una reclamación tardía dispondrás de la prueba.
Ten en cuenta además que otros plazos pueden obligarte a conservarlos más tiempo: los mercantiles, los fiscales o los derivados de un contrato con tu cliente.

9.7 Conformidad Regulatoria: Auditoría y Inspección

9.7.1 ¿Qué Busca un Inspector en Operaciones UAS?

Si la autoridad aérea (AESA en España, por ejemplo) realiza una inspección de operaciones UAS, lo primero que revisará será el archivo de registros. Los puntos clave que evaluarán son:

Aspecto	Pregunta del Inspector
Completitud	¿Hay entradas de vuelo para todas las operaciones realizadas? ¿Hay lagunas?
Precisión	¿Los datos coinciden con evidencia independiente (telemetría, pagos de clientes)?
Momento del registro	¿Se completaron registros el mismo día o semanas después? (credibilidad)
Personal	¿Se identifica claramente al piloto en cada vuelo? ¿Tienen certificados vigentes?
Mantenimiento	¿Hay un historial coherente de mantenimiento preventivo? ¿Se documentan defectos?
Incidentes	¿Se reportaron correctamente incidentes o accidentes? ¿Se investigaron?
Autorización	¿Se disponen autorizaciones de vuelo (si categoría específica)? ¿SORA evaluados?
Seguro	¿Se puede verificar que el seguro de responsabilidad civil estaba vigente?

Cuadro 9.7

Qué comprueba una inspección, y con qué pregunta lo comprueba.

9.7.2 Preparación para Inspección

Checklist de Preparación (2-4 Semanas Antes)

- **Auditoría interna** — Revisa todos los registros como lo haría un inspector.
- **Verificación de certificados** — Comprueba que todos los certificados de pilotos son vigentes.
- **Registros de mantenimiento** — Verifica que coinciden con historial de vuelos.
- **Documentación de autorización** — Asegúrate de tener decisiones especiales SORA si aplica.
- **Seguro vigente** — Copia visible del comprobante de seguro.
- **Defectos reportados** — Verifica que todos los defectos documentados fueron subsanados.
- **Incidentes reportados** — Confirma que se notificaron a autoridades si fue necesario.

Postura Cooperativa

Si se anuncia una inspección, muestra una actitud cooperativa. Facilita el acceso a registros, explica el sistema de archivo, y presenta datos de forma ordenada. Una inspección puede revelarse como oportunidad para mejorar procedimientos, no como amenaza.

9.8 Casos Prácticos

9.8.1 Caso 1: Auditoría Correcta Previene Incidente Legal

Contexto: Una empresa de inspección estructural (categoría específica, SORA de bajo riesgo) operaba regularmente en una zona industrial. Un día, un dron perdió contacto durante 15 segundos mientras sobrevolaba un almacén del cliente. Aunque el dron retornó exitosamente, el cliente amenazó con demandar, argumentando falta de seguridad.

Problema: La empresa no tenía documentación clara del incidente en sus registros.

Solución implementada:

1. Completó retroactivamente el logbook con fecha de incidente detallando: hora exacta, duración de pérdida de contacto, acciones correctivas (cambio de frecuencia de telemetría).
2. Proporcionó datos de telemetría del dron que demostraban que la aeronave se comportó correctamente durante la pérdida de contacto.
3. Mostró certificados de capacitación del piloto en procedimientos de pérdida de enlace.
4. Presentó el manual de seguridad de operaciones que establecía cómo responder ante tales eventos.

Resultado: Con la documentación completa, la empresa demostró que el incidente fue manejado correctamente según procedimientos. El cliente retiró la demanda. La auditoría posterior de AESA no encontró deficiencias.

Ejercicio Práctico

Enunciado: Eres supervisor de operaciones en una PyME de drones. Descubriste que el piloto senior lleva 3 meses sin rellenar logbooks. Tienes 20 vuelos no documentados.

Pregunta: ¿Cómo documentarías retroactivamente estos vuelos? ¿Qué información podrías recuperar? ¿Qué problemas causaría esto ante una inspección?

Respuesta sugerida:

- Recopila telemetría de dron (se almacena automáticamente); coincide con fechas de facturación a clientes.
- Obtén de clientes confirmación de fechas de trabajo realizado.
- Completa logbook con esta información, pero **añade nota**: «Completado retroactivamente el [fecha] basado en telemetría y confirmación de cliente. Futuro: completar el mismo día de operación.».
- Ante inspector: muestra la documentación original (telemetría) que respalda las entradas retroactivas.
- Implementa control: checklist diario que piloto firma confirme logbook completado.

9.8.2 Caso 2: Deficiencias Documentales Resultan en Prohibición Temporal de Operaciones

Contexto: Un operador de categoría específica (agricultura de precisión) fue inspeccionado por autoridad nacional. Los registros mostraban:

- Logbook piloto incompleto: faltan condiciones meteorológicas, altura máxima, distancia del piloto.
- Logbook aeronave sin entradas de mantenimiento durante 6 meses.
- Certificado de piloto vencido hace 2 meses (no renovado).
- No había copia de decisión especial SORA; solo «está en correo».

Consecuencias: Prohibición de operar por 30 días mientras el operador rectificaba documentación y procedimientos. Se reportó a compañía de seguros (afectó cobertura futura).

Correcciones implementadas:

1. Completó retroactivamente logbooks pendientes con el máximo detalle posible.
2. Implementó calendario automático de recordatorios: renovación certificados (mes antes de vencimiento).
3. Compró software de gestión de operaciones UAS que fuerza completar logbook antes de registrar siguiente vuelo.
4. Estableció auditoría interna mensual de compliance documentales.
5. Imprimió y encuadernó todos los documentos críticos en carpeta física de backup.

Lecciones: Las deficiencias documentales son **más peligrosas que los incidentes técnicos** ante reguladores. Una aeronave con problema mecánico documentado puede repararse y vuelves a operar. Documentación incompleta pone en duda tu credibilidad regulatoria de forma estructural.

9.8.3 Caso 3: Correcciones Adecuadas en Registro de Incidente

Contexto: Un piloto cometió error escribiendo en logbook. Escribió «Altura máxima: 500 m» pero debería haber sido «120 m» (error al leer telemetría).

¿Qué NO hacer?

- **NO** borrar o tachar la entrada (destruye credibilidad, parece falsificación).
- **NO** usar corrector o tinta blanca (inadmisible en documentos legales).
- **NO** reescribir en nueva página (crea dudas sobre qué versión es la «real»).

¿Qué SÍ hacer?

- Trazar una línea fina (no obliterar) sobre la entrada errónea.
- Escribir encima o al margen: «Corrección: altura máxima 120 m (basado en telemetría vuelo XXXX)».
- Poner fecha y firma del piloto junto a corrección.
- En versión digital: añadir comentario con timestamp automático explicando cambio.

Resultado: La corrección documentada muestra integridad del proceso, no negligencia. Los inspectores entienden que los errores de transcripción ocurren; lo importante es que se corrijan de forma transparente.

9.9 Preguntas Frecuentes y Errores Comunes

9.9.1 P1: ¿Necesito logbook si solo vuelo en categoría abierta recreativamente?

R: Técnicamente no es obligatorio. Sin embargo, si alguna vez escalas a categoría específica o si ocurre un incidente legal, un logbook completo es tu mejor defensa. Recomendamos mantenerlo aunque sea en papel simple.

9.9.2 P2: ¿Cuántos años debo guardar los registros?

R: El mínimo legal en categoría específica es de **3 años**, según UAS.SPEC.050(1)(g). El cómputo varía: para los registros de formación cuenta desde que la persona deja la organización o cambia de puesto; para mantenimiento y operaciones, desde la actividad registrada.

Como buena práctica, consérvalos más tiempo: ocupan poco en digital y el historial completo de una aeronave resulta valioso para el análisis de fiabilidad. Recuerda además que otros plazos —mercantiles, fiscales o contractuales— pueden obligarte a guardarlos por más tiempo.

9.9.3 P3: ¿Puedo compartir mis logbooks con otros pilotos en el equipo?

R: No. El logbook del piloto es un documento personal. Lo que sí puedes compartir es un registro operativo consolidado (cuántos vuelos se hicieron, horas totales) a nivel de empresa, sin detalles individuales del piloto.

9.9.4 P4: Mi dron es muy antiguo y no registré los primeros vuelos. ¿Qué hago?

R: Comienza ahora. Si el dron tiene telemetría interna, extrae ese historial e intenta reconstruir entradas antiguas. Si no es posible, documenta claramente en el logbook: «Historial anterior a [fecha] no disponible; registro comienza en [fecha].» Así creas un punto auditable.

9.9.5 P5: ¿Qué pasa si pierdo una entrada de logbook (accidente, mojadura, etc.)?

R: En digital, recupera de la copia de seguridad. En papel, documenta la pérdida —fecha y circunstancia— en la siguiente entrada, reconstruye lo que puedas a partir de la telemetría de la aeronave, la facturación al cliente o las fotografías con marca de tiempo, y anota expresamente «Reconstruido a partir de [fuentes]». Una laguna reconocida y explicada resta mucho menos credibilidad que una laguna silenciosa.

Dicho esto, la mejor respuesta a esta pregunta es **no llegar a ella**. La pérdida de entradas casi siempre tiene la misma causa: el registro maestro viajaba al campo. Si aplicas el **flujo de dos tiempos** —cuaderno en la oficina, hoja suelta en el emplazamiento y transcripción al volver—, un accidente en campo te cuesta una hoja reimprimible, no una página del único ejemplar. Y como la hoja original queda archivada en el expediente de la operación, tendrás dos rastros del mismo vuelo en lugar de uno.

9.9.6 Error Común 1: Confundir Logbook Piloto con Logbook Operador

Algunos piensan que existe un documento llamado «logbook del operador de la empresa». No; hay dos documentos diferentes:

- **Logbook piloto** — Registro personal del vuelo de cada piloto (experiencia, horas acumuladas).
- **Logbook aeronave** — Historial técnico de cada dron (mantenimiento, reparaciones, ciclos).

El registro de operaciones de la empresa es un **consolidado administrativo**, no un «logbook» en sentido regulatorio.

9.9.7 Error Común 2: No Diferenciar Categoría en Logbook

Algunos pilotos anotan «vuelo comercial» pero no especifican si fue categoría abierta (A2), específica o certificada. Esto es crítico porque los requisitos de capacitación y autorización son distintos. Siempre anota la categoría exacta.

9.9.8 Error Común 3: Ignorar la Telemetría Disponible

Los drones modernos registran automáticamente: fecha, hora, duración, posición GPS, altura, distancia, batería, velocidad. Esta información es **evidencia legal independiente**. Úsala para validar tu logbook manual o para reconstruir entradas perdidas.

9.10 Procedimiento Recomendado: Integración Logbook + SORA

9.10.1 Para Operaciones en Categoría Específica

Si realizas operaciones bajo categoría específica (requiere decisión especial SORA), tu logbook debe estar **directamente vinculado al SORA aprobado**. Recomendamos:

Elemento SORA	Correspondencia en Logbook
Clase de riesgo	Anotar en cada vuelo: «Riesgo bajo», «Riesgo medio», etc.
Personas en tierra bajo dron	Registrar si se operó sobre aglomeración o no
Altura operativa máxima	Registrar altura real vs. máx. permitida en SORA
Zona de operación	Anotar coordenadas o referencia a mapa SORA aprobado
Personal requerido	Confirmar presencia de observador si lo requiere SORA
Condiciones meteorológicas	Verificar que cumplen límites SORA (viento, visibilidad)
Cadencia de revisión	Hacer entrada en logbook cada vez que se revisa SORA

Cuadro 9.8
Correspondencia entre los elementos del SORA y los registros del logbook.

Buena Práctica: Plantilla Estándar

Crea una plantilla de logbook específico para cada SORA aprobado. Así cada vuelo documentado en categoría específica automáticamente demuestra conformidad con los parámetros de riesgo evaluados.

9.11 Plantillas Recomendadas

9.11.1 Plantilla 1: Logbook Piloto (Formato Digital — Excel/Sheets)

Columnas recomendadas:

```
Fecha | Inicio (UTC) | Fin (UTC) | Duración |
Piloto | Aeronave | Matrícula |
Lugar Desp. | Lugar Aterr. | Categoría | Tipo Op.
| Viento (m/s) | Visib. |
Alt. Max (m) | Dist Max (m) | Observador |
Incidentes | Notas | Firma
```

9.11.2 Plantilla 2: Logbook Aeronave (Formato Digital)

Columnas recomendadas:

```
Fecha | Aeronave | Matrícula | Horas Totales |
Tipo Mantenimiento |
Descripción Tarea | Técnico | Fecha Próx. Mant.
| Defectos Reportados |
Estado Actual | Firma | Observaciones
```

9.11.3 Plantilla 3: Resumen Operativo Mensual

Columnas recomendadas:

```
Mes | Total Vuelos | Total Horas | Piloto
Principal | Incidentes |
Mantenimiento Realizado | Próximas Acciones |
Problemas Identificados |
Conformidad Regulatoria
```

9.12 Resumen

Los registros documentales son la columna vertebral de la demostración de cumplimiento regulatorio en operaciones UAS. Aunque pueden parecer tediosos, son tu mejor defensa ante:

1. **Inspecciones regulatorias** — Demuestran conformidad con (UE) 2019/947.
2. **Incidentes o accidentes** — Prueba de que se siguieron procedimientos correctos.
3. **Litigios civiles** — Evidencia de diligencia operativa.
4. **Auditorías internas** — Identifican áreas de mejora antes que reguladores.

Puntos clave a recordar:

- Mantén **logbook piloto + logbook aeronave separados**; cada uno cumple función distinta.
- **Completa registros el mismo día** de la operación; la retroactividad reduce credibilidad.
- Recopila **información mínima obligatoria** pero añade detalles que proporcionen contexto.
- Guarda los registros **un mínimo de 3 años** conforme a UAS.SPEC.050(1)(g); preferiblemente más tiempo en versión digital.
- Realiza **auditoría interna anual** como si fuera un inspector regulatorio.
- Vincula logbooks a **decisiones SORA** si operas en categoría específica.
- Documenta **correcciones de forma transparente**; los errores bien corregidos son señal de integridad, no negligencia.

9.13 Referencias Normativas

Normativa Aplicable

- **Reglamento de Ejecución (UE) 2019/947** — Anexo, Parte B, UAS.SPEC.050(1)(g): registros del operador.
  https://eur-lex.europa.eu/legal-content/ES//TXT/?uri=CELEX:32019R0947
- **Regulación (UE) 2019/945** — Requisitos técnicos (Clases C0-C6).
  https://eur-lex.europa.eu/legal-content/ES//TXT/?uri=CELEX:32019R0945
- **EASA Special Conditions — UAS** — Orientación sobre conformidad documental.
  https://www.easa.europa.eu/en/regulations/unmanned-aircraft-systems-uas
- **AESA (España)** — Documentación y procedimientos nacionales.
  https://www.seguridadaerea.gob.es/
- **Real Decreto 517/2024 (España)** — Implementación nacional de regulaciones EASA.
  https://www.boe.es/

9.13.1 Recursos Prácticos Recomendados

- Descarga plantillas gratuitas de logbooks en plataformas UAS comunitarias (ej. DroneForum).
- Consulta manuales de tu fabricante de dron; algunos incluyen logbooks digitales integrados.
- Revisa procedimientos operativos publicados por EASA para operaciones específicas de tu nicho (agricultura, inspección, etc.).
- Considera software de gestión UAS especializado (SwissDrones, AirData, FlightLogs) para automatización de registros.

Capítulo 10

Operaciones Especiales

10.1 Introducción

Las **operaciones especiales** con sistemas de aeronaves no tripuladas (UAS) son aquellas que rebasan los límites de la categoría Abierta. El Reglamento de Ejecución (UE) 2019/947 las sitúa en la categoría **Específica**, donde el operador debe acreditar que ha evaluado el riesgo y adoptado las medidas necesarias, ya sea acogiéndose a un escenario estándar o solicitando autorización.

Este capítulo examina los principales tipos de operaciones especiales: BVLOS (Beyond Visual Line of Sight), vuelos sobre aglomeraciones, operaciones nocturnas, y casos profesionales especializados en agricultura, inspección de infraestructuras, y búsqueda y rescate.

Objetivo del Capítulo

Comprenderás:

- Diferencia entre categoría Open y operaciones Specific.
- Requisitos para BVLOS, vuelos sobre aglomeraciones, operaciones nocturnas.
- Procedimientos especiales en agricultura, inspección, búsqueda y rescate.
- Proceso de solicitud de autorización y evaluación SORA.

10.2 Categoría Specific: Marco Regulatorio

10.2.1 Open vs Specific vs Certified

La Regulación (UE) 2019/947 clasifica operaciones en tres categorías:

- **Abierta**. Riesgo bajo. Certificado A1/A3 para las subcategorías A1 y A3; certificado A2 para la subcategoría A2.
- **Específica**. Riesgo medio. Admite tres vías: declaración bajo escenario estándar, autorización operacional o certificado LUC.
- **Certificada**. Riesgo alto. Certificación de la aeronave y del operador.

Las operaciones de este capítulo se enmarcan principalmente en la categoría **Específica**. Pero conviene no dar por hecho que todas exigen el mismo esfuerzo administrativo.

10.2.2 Antes de Redactar un SORA, Comprueba si Hace Falta

El orden de trabajo correcto es descendente, y saltárselo cuesta semanas:

1. **¿Encaja en un escenario estándar?** Si tu operación cumple el STS-01 o el STS-02, basta con presentar una **declaración**. Sin SORA y sin esperar resolución.
2. **¿Encaja en un PDRA publicado?** Si no cabe en un STS, comprueba los **PDRA** (*Predefined Risk Assessment*): son análisis de riesgo ya resueltos por EASA para operaciones frecuentes. Te acoges a uno y evitas el análisis completo.
3. **¿Ninguno de los dos?** Entonces sí: **SORA** completo y solicitud de **autorización operacional**.

10.2.3 Proceso de Autorización Operacional

Cuando efectivamente procede la autorización:

1. **Evaluación de riesgos**: determinar el GRC y el ARC, obtener el SAIL y los OSO aplicables.
2. **Medidas de mitigación**: diseñar procedimientos, equipamiento y formación que acrediten los OSO con la robustez exigida.
3. **Solicitud**: presentar el expediente ante la autoridad nacional.
4. **Análisis**: la autoridad evalúa y puede requerir información adicional.
5. **Autorización**: se emite con las condiciones y limitaciones que la autoridad determine.

10.3 Operaciones BVLOS

10.3.1 Definición

BVLOS (Beyond Visual Line of Sight) permite volar fuera del rango visual directo del piloto. Contrasta con VLOS donde el dron permanece visible.

BVLOS requiere:

- Sistema de navegación autónoma (GPS/GNSS de precisión).
- Comunicación redundante con failsafe automático.
- Sistema de evitación de obstáculos (DAA) certificado.
- Observador dedicado monitorizando tráfico y seguridad.

10.3.2 Equipamiento Obligatorio

El dron debe incluir:

1. Navegación autónoma (GPS/GNSS, brújula, altímetro).
2. Comunicación dual con retorno automático si falla.
3. DAA (Detect and Avoid): radar, LiDAR o cámara estéreo.
4. Registro de telemetría en tiempo real.
5. Sistemas de retorno de emergencia (RTH automático).
6. Geofence con límites geográficos y altitud.

10.3.3 Limitaciones BVLOS

▶ No existe una tabla universal de límites BVLOS

Es tentador buscar una lista de cifras que valga para todo vuelo BVLOS, y circulan muchas. No las hay. Salvo que operes bajo el **STS-02** —que sí fija sus propios límites en el Apéndice 1 del Anexo del Reglamento (UE) 2019/947—, **las limitaciones de una operación BVLOS son las que fije tu autorización**, derivadas del SORA o del PDRA que hayas empleado.
Eso significa que dos operadores con drones parecidos pueden tener límites distintos de distancia, altura u horario, según las mitigaciones que cada uno haya acreditado.

Los factores que la evaluación considerará son:

- **Riesgo en tierra**: población bajo la trayectoria y posibilidad de acotar una zona controlada.
- **Riesgo aéreo**: tipo de espacio aéreo, tráfico previsible y proximidad a aeródromos.
- **Mitigaciones tácticas**: observadores del espacio aéreo, sistemas de detección y evitación, o servicios U-space donde estén desplegados.
- **Fiabilidad del enlace** y comportamiento previsible ante su pérdida.

▶ Espacio aéreo controlado

Operar en espacio aéreo controlado exige coordinación con el proveedor de servicios de tránsito aéreo, con independencia de la categoría. El BVLOS no cambia esa regla: la agrava, porque el piloto no puede ver el tráfico aproximándose.

10.4 Operaciones Sobre Aglomeraciones

10.4.1 Definición

El Reglamento (UE) 2019/947 define **aglomeración de personas** como una concentración en la que **las personas no pueden apartarse debido a la densidad de gente presente**.

► **No hay un umbral numérico de personas por hectárea**

Circulan tablas que clasifican las aglomeraciones en «dispersa», «moderada» y «densa» según personas por hectárea. **Ese baremo no existe en la normativa.** El criterio es **cualitativo**: lo determinante no es cuánta gente hay, sino si esa gente **podría apartarse** de un dron que caiga fuera de control.
Cien personas repartidas por un descampado no son una aglomeración. Cien personas apretadas en una grada, en una calle comercial o en la cola de un concierto, sí lo son.

Ejemplos que EASA reconoce como aglomeración:

- Eventos deportivos, culturales, religiosos o políticos.
- Playas o parques en un día soleado.
- Calles comerciales en horario de apertura.
- Estaciones de esquí y sus pistas.

10.4.2 Restricciones en Categoría Abierta

Aquí la regla es simple y no admite matices por clase:

► **Ninguna subcategoría de la categoría Abierta permite sobrevolar aglomeraciones**

La prohibición es **absoluta** en A1, A2 y A3, y alcanza a **todas** las clases, incluida la C0 de menos de 250 gramos. Que un dron sea ligero y pueda volar cerca de personas concretas no lo habilita para sobrevolar una multitud.

Clase	MTOM	Sobre aglomeraciones
C0	< 250 g	Prohibido, pese a poder sobrevolar personas aisladas
C1	< 900 g	Prohibido
C2	< 4 kg	Prohibido
C3 y C4	< 25 kg	Prohibido

Cuadro 10.1
Sobrevuelo de aglomeraciones por clase de aeronave en categoría Abierta: prohibido en todas.

10.4.3 Operaciones sobre Aglomeraciones en Categoría Específica

Sobrevolar una aglomeración obliga a salir de la categoría Abierta. Las medidas concretas **no están tasadas de antemano**: las determina la evaluación de riesgos, en función del SAIL resultante y de los OSO aplicables.

Las mitigaciones que habitualmente aparecen en este tipo de operación son:

- **Sistema de terminación del vuelo** —paracaídas u otro medio— que limite la energía de impacto.
- **Acotamiento del terreno** sobrevolado siempre que sea viable.
- Procedimientos de **velocidad y altura reducidas** sobre las zonas más sensibles.
- **Personal de apoyo** para vigilancia y control de accesos.
- Fiabilidad reforzada del enlace y comportamiento seguro ante su pérdida.

El paracaídas es una mitigación, no un requisito automático

Suele presentarse el paracaídas balístico como obligatorio para cualquier vuelo sobre aglomeraciones, e incluso se le atribuye una certificación específica en el Reglamento (UE) 2019/945. **No es así.** El paracaídas es una de las **mitigaciones del riesgo en tierra** que puedes proponer en el SORA para reducir el GRC. Que sea exigible, y con qué grado de robustez debas acreditarlo, depende del análisis concreto de tu operación.

10.5 Operaciones Nocturnas

10.5.1 El Vuelo Nocturno Está Permitido en Categoría Abierta

▶ Corrección de un error muy extendido

Se repite con frecuencia que volar de noche obliga a pasar a la categoría Específica. **Es falso.** El vuelo nocturno está **permitido en la categoría Abierta**, en las tres subcategorías, sin autorización ni trámite adicional.

La única condición que el Reglamento (UE) 2019/947 añade para el vuelo nocturno es:

- La aeronave debe llevar encendida una **luz verde intermitente** que permita identificarla y seguir su trayectoria.

Las luces de fábrica no suelen bastar

La mayoría de drones incorporan luces de posición rojas o blancas que **no cumplen** este requisito. Suele ser necesario instalar una **baliza externa** de luz verde intermitente. Es un accesorio económico, pero sin él el vuelo nocturno es ilegal por mucho que el resto de la operación sea impecable.

Figura 10.1
Luces de posición de serie en un multirrotor de consumo. Que la aeronave lleve luces encendidas no acredita por sí solo el cumplimiento del requisito nocturno.

Conviene no confundir dos cosas que la figura anterior ilustra bien. Las **luces de posición** de serie —habitualmente rojas o blancas, y fijas o de parpadeo lento— existen para que **tú** distingas el morro de la cola desde la estación de pilotaje. La **luz verde intermitente** que exige la norma cumple una función distinta: hacer la aeronave **conspicua para terceros**, de modo que cualquier otro usuario del espacio aéreo pueda detectarla y seguir su trayectoria.

▶ Comprobación antes de despegar de noche

Que el fabricante haya montado un LED verde en un brazo no basta. Antes de un vuelo nocturno verifica que la baliza:

- Es **verde** e **intermitente** —no fija, no de otro color—.
- Permanece encendida durante **todo** el vuelo, no sólo al despegar.
- Es visible desde **cualquier dirección**, no sólo desde la posición del piloto.
- Tiene **autonomía propia** suficiente, si es un accesorio con batería independiente de la aeronave.

10.5.2 Qué Cambia Realmente de Noche

Lo que sí se altera de noche no es el régimen jurídico, sino la dificultad operativa:

- **Mantener el VLOS es más difícil**. Sigue siendo obligatorio en categoría Abierta, y de noche el alcance visual efectivo se reduce mucho.
- **Los obstáculos son menos visibles**: cables, grúas, ramas y tendidos eléctricos.
- **La orientación espacial se degrada**, especialmente para distinguir el morro de la cola del aparato.
- **El reconocimiento previo del emplazamiento** con luz diurna pasa de recomendable a prácticamente imprescindible.

▶ Lo que sí obliga a salir de la categoría Abierta

Lo que empuja a la categoría Específica no es la hora del día, sino rebasar los límites de siempre: **BVLOS**, **sobrevuelo de aglomeraciones**, aeronaves de **25 kg o más** o superar los **120 metros**. Una operación nocturna que respete todos esos límites permanece en categoría Abierta.

10.6 Operaciones Profesionales Especializadas

10.6.1 Agricultura de Precisión

Conviene separar dos actividades que suelen presentarse juntas y que tienen regímenes jurídicos muy distintos:

- **Observación** — Vuelos fotogramétricos o multiespectrales para mapeo de cultivos, conteo de plantas, índices de vigor o detección de estrés hídrico. Aeronáuticamente son vuelos ordinarios; si respetan los límites habituales pueden desarrollarse incluso en categoría Abierta.
- **Aplicación** — Pulverización o dispersión de productos fitosanitarios, fertilizantes o semillas. Es una actividad regulada de forma independiente por dos marcos europeos que hay que satisfacer **a la vez**.

Figura 10.2

Dron de aplicación en parcela agrícola. La aeronave y la pericia del piloto son sólo una parte del problema: la otra es la autorización fitosanitaria.

Primer marco: el aeronáutico. La aplicación aérea **nunca** cabe en la categoría Abierta. El artículo 4.1.f) del Reglamento (UE) 2019/947 exige que la aeronave «no transportará mercancías peligrosas ni dejará caer ningún material», y una pulverización consiste precisamente en eso. La exclusión es independiente de la masa, aunque los equipos de aplicación suelen además superar con holgura los 25 kg de MTOM que fija el artículo 4.1.b). La consecuencia es directa: **categoría Específica**, con autorización operacional por la vía que corresponda de las descritas en el capítulo 7.

Segundo marco: el fitosanitario. Es el que se olvida con más frecuencia, y el más restrictivo. La **Directiva 2009/128/CE**, sobre el uso sostenible de los plaguicidas, establece en su **artículo 9.1** que los Estados miembros garantizarán que **la pulverización aérea quede prohibida**. La regla general en la Unión Europea es la prohibición, no la autorización.

► La pulverización aérea parte de una prohibición, no de un permiso

El artículo 9.2 sólo admite excepciones en casos especiales y siempre que se cumplan **todas** estas condiciones:

- Que **no exista alternativa viable**, o que la aplicación aérea presente ventajas claras frente a la terrestre en impacto sanitario y ambiental.
- Que el producto esté **expresamente autorizado para aplicación aérea** tras una evaluación de riesgos específica.
- Que el **operador** disponga del certificado previsto en el artículo 5.2 de la propia Directiva —una habilitación en uso de fitosanitarios, distinta e independiente del certificado de piloto a distancia—.
- Que la **empresa** esté certificada por la autoridad competente para los equipos y la aeronave empleados.
- Que se apliquen medidas específicas de gestión del riesgo si hay zonas de acceso público en las proximidades, y que **no se pulverice muy cerca de zonas residenciales**.
- Que la aeronave emplee la **mejor técnica disponible** para reducir la deriva de la pulverización.

Además, el artículo 9.4 obliga a presentar previamente un **plan de aplicación** para su aprobación, con la fecha estimada, las cantidades y el producto que se va a emplear.

Dos autoridades distintas, y ninguna sustituye a la otra

La autorización operacional la concede la **autoridad aeronáutica**. La excepción a la prohibición de pulverización aérea la concede la **autoridad competente en materia de fitosanitarios** —normalmente agraria o medioambiental, y en varios Estados miembros de ámbito regional—, que según el artículo 9.3 es también la que publica los cultivos, las zonas y las condiciones en que puede autorizarse.

Volar con una autorización operacional impecable y sin la excepción fitosanitaria deja la operación al margen de la ley, y a la inversa.

Antes de comprometerte con un cliente

Al tratarse de una **directiva** y no de un reglamento, cada Estado miembro la ha transpuesto con sus propios matices: las distancias de seguridad a viviendas, cursos de agua y colmenas, los cultivos admisibles y los plazos de resolución **no son europeos, sino nacionales**, y varían de forma apreciable entre países.
Consulta las condiciones publicadas por la autoridad competente del Estado en el que vayas a operar antes de presupuestar el trabajo. Las limitaciones meteorológicas —viento máximo de aplicación, ausencia de lluvia prevista, inversión térmica— suelen fijarse ahí y en la etiqueta del propio producto, no en la normativa aeronáutica.

10.6.2 Inspección de Infraestructuras

Aplicación: Inspección visual de puentes, torres, tuberías sin exposición de personal a alturas.

Requisitos:

- Dron liviano (1-5 kg) con cámara de alta resolución.
- Zoom óptico mínimo 5x.
- Procesamiento fotogramétrico para modelo 3D.
- Típicamente operación BVLOS con procedimientos especiales.

10.6.3 Búsqueda y Rescate (SAR)

Aplicación: Localización de personas desaparecidas, mapeo de terreno de difícil acceso.

Requisitos:

- Cámara térmica IR (detector no refrigerado).
- Autonomía extendida (30-50 minutos).
- Comunicación robusta para coordinación con equipos de rescate.
- Geoetiquetado automático de detecciones.

Aunque SAR es de interés público, requiere coordinación formal con autoridades. En emergencias inmediatas, algunos países permiten sobrevuelo sin autorización previa.

10.7 Procedimientos de Autorización

10.7.1 Solicitud ante Autoridad Nacional

El expediente típicamente incluye:

- Formulario oficial de solicitud.
- Descripción del operador (empresa, experiencia).
- Tipo de operación, localización, frecuencia.
- Descripción de aeronave y sistemas de seguridad.
- Evaluación SORA (análisis de riesgos).
- Procedimientos de operación y contingencias.
- Certificaciones del personal.
- Póliza de seguro de responsabilidad civil, con la cobertura mínima que corresponda según la MTOM de la aeronave.

El plazo de resolución depende del procedimiento de cada autoridad nacional; el Reglamento (UE) 2019/947 no fija ninguno. La mayoría publican plantillas y guías de presentación que conviene seguir al pie de la letra: un expediente que se ajusta al formato esperado evita el ciclo de requerimientos, que es lo que de verdad dilata la tramitación.

10.7.2 Evaluación SORA

SORA (*Specific Operations Risk Assessment*) es un proceso estructurado que:

1. Determina la **clase de riesgo en tierra** (GRC) a partir del entorno sobrevolado y de las dimensiones de la aeronave.
2. Determina la **clase de riesgo aéreo** (ARC) según el espacio aéreo en que se opera.
3. Permite **reducir ambas** mediante mitigaciones acreditadas.
4. Combina el GRC y el ARC finales para obtener el **SAIL**.
5. Deriva del SAIL los **objetivos de seguridad operacional** (OSO) exigibles y su grado de robustez.

Los niveles SAIL

SAIL significa ***Specific Assurance and Integrity Level*** —no «Safety Integrity Level»— y se expresa en números romanos de **I a VI**, no de 1 a 4.
De SAIL I a II las exigencias son ligeras; de III a IV crecen en número y robustez; SAIL V y VI se aproximan a los estándares de la aviación certificada.

El SAIL no se «obtiene»: se gestiona

Un SAIL alto no impide operar, y uno bajo no garantiza la autorización. Lo que determina el resultado es que acredites los OSO con la robustez que el SAIL exige. Buena parte del trabajo de un SORA consiste precisamente en **bajar el GRC** mediante mitigaciones como acotar el terreno sobrevolado.
Para un desarrollo completo de la metodología, con el detalle de cada paso, existe ***SORA 2.5. De la Evaluación de Riesgos a la Autorización Operacional para UAS en el Marco EASA***, publicado en esta misma colección.

10.8 Casos Prácticos

10.8.1 Caso 1: Tratamiento Fitosanitario en Viñedo

Una bodega desea tratar 50 hectáreas de viña con un dron de aplicación cuya MTOM, cargado el depósito, supera los 25 kg.

Por qué es categoría Específica: por tres motivos independientes, y basta uno. La aeronave **dispersa material**, lo que excluye la categoría Abierta por el artículo 4.1.f) del Reglamento (UE) 2019/947 con independencia de todo lo demás; la **masa** rebasa los 25 kg; y la operación se plantea **BVLOS** sobre una extensión que el piloto no abarca visualmente.

Razonamiento de riesgos: el **GRC** de partida es elevado por las dimensiones de la aeronave, pero se reduce acotando la parcela y garantizando que no haya terceros bajo la trayectoria. El **ARC** es bajo, al tratarse de espacio aéreo rural no controlado y vuelo a escasa altura. El **SAIL** resultante fija los OSO que habrá que acreditar.

Normativa adicional: la aplicación aérea de fitosanitarios parte de una **prohibición general** en la Unión Europea —artículo 9.1 de la Directiva 2009/128/CE— y sólo puede realizarse al amparo de una excepción concedida por la autoridad competente en la materia, con plan de aplicación aprobado. Obtener la autorización operacional de la autoridad aeronáutica **no** sustituye a esa excepción: son dos permisos distintos, de dos autoridades distintas, y la operación necesita los dos.

10.8.2 Caso 2: Inspección de un Puente sobre Vía Urbana

Un ayuntamiento necesita inspeccionar daños estructurales en un puente que cruza una avenida transitada, con un dron de 3 kg.

Por qué es categoría Específica: la avenida en horario comercial puede constituir **aglomeración**, y aunque no lo fuera, resulta imposible garantizar los 30 metros de separación que exigiría la subcategoría A2 con un dron de esa masa.

Razonamiento de riesgos: el **GRC** es alto por el entorno urbano, y la mitigación decisiva es **acotar el terreno** bajo la trayectoria: cortar o desviar el tráfico durante ventanas horarias breves reduce el riesgo mucho más que cualquier equipo embarcado. El **ARC** dependerá de si el emplazamiento cae en espacio aéreo controlado.

Mitigaciones habituales: ventana horaria de baja afluencia, acotamiento en tierra, personal de apoyo para control de accesos, sistema de terminación del vuelo y velocidades reducidas sobre la calzada.

10.9.4 ¿Necesito un sistema de detección y evitación (DAA) certificado?

Depende de lo que exija tu evaluación de riesgos. El DAA es una **mitigación táctica del riesgo aéreo**, no un equipo obligatorio con certificación europea propia. Existen estándares industriales de referencia para su prestación, pero **no hay un régimen de certificación DAA** equivalente al marcado de clase de las aeronaves. Lo que la autoridad valorará es si el medio propuesto reduce el ARC con la robustez que el SAIL requiere.

10.9.5 ¿Puedo volar de noche sin observador?

En categoría Abierta, sí: el reglamento **no exige observador** para el vuelo nocturno. Lo que exige es la **luz verde intermitente** y mantener el VLOS, que de noche es bastante más difícil.

Un apoyo visual adicional es una **buena práctica** muy recomendable en nocturno, pero no una obligación legal. En categoría Específica, en cambio, el observador puede venir impuesto por tu propia autorización.

10.10 Resumen

Las operaciones especiales amplían potencial de UAS pero requieren rigor regulatorio sustancial:

1. **Antes de redactar un SORA, comprueba si hace falta**: primero el escenario estándar, después el PDRA, y sólo entonces el SORA completo.
2. **BVLOS** exige salir de la categoría Abierta. Salvo bajo el STS-02, sus límites concretos no están tasados: los fija tu autorización a partir del análisis de riesgos.
3. **Aglomeración** es un concepto **cualitativo** —personas que no pueden apartarse por la densidad—, no un umbral de personas por hectárea.
4. **Ninguna clase, ni siquiera la C0, puede sobrevolar aglomeraciones en categoría Abierta**.
5. El **paracaídas** es una mitigación del riesgo en tierra dentro del SORA, no un equipo obligatorio con certificación propia.
6. **El vuelo nocturno está permitido en categoría Abierta** con luz verde intermitente. No es, por sí solo, motivo para pasar a Específica.
7. **SAIL** significa *Specific Assurance and Integrity Level* y va de **I a VI**. Sale de combinar el GRC con el ARC y determina los OSO exigibles.
8. Las operaciones agrícolas añaden la normativa **fitosanitaria**, que es independiente de la aeronáutica y se cumple además de ella.

10.11 Referencias Normativas

Normativa EASA Directa

Regulación (UE) 2019/947 – Operaciones con UAS.
https://www.easa.europa.eu/regulations//
↪ unmanned-aircraft-systems-uas

Regulación (UE) 2019/945 – Requisitos técnicos.
https://eur-lex.europa.eu/eli/reg/2019/945/oj

AMC y GM al Reglamento (UE) 2019/947 – Medios aceptables de cumplimiento y material guía, incluida la aceptación de la metodología SORA. Publicados por EASA en formato *Easy Access Rules.*
https://www.easa.europa.eu/en/document-library//
↪ easy-access-rules

Directiva 2009/128/CE – Uso sostenible de los plaguicidas. Su artículo 9 prohíbe con carácter general la pulverización aérea y fija las condiciones de las excepciones. De aplicación obligada en operaciones agrícolas de aplicación.
https://eur-lex.europa.eu/eli/dir/2009/128/oj

España: Real Decreto 517/2024, de 4 de junio – Desarrollo nacional del marco europeo de UAS.
https://www.boe.es/eli/es/rd/2024/06/04/517

Autoridad nacional competente – Procedimientos de solicitud y autorización. Cada Estado miembro publica los suyos; en España, AESA.
https://www.seguridadaerea.gob.es/

ASTM F3442/F3442M – *Standard Specification for Detect and Avoid System Performance Requirements.* Norma industrial voluntaria, no exigida por la normativa europea.

Capítulo 11

Seguridad y Buenas Prácticas

11.1 Introducción

La seguridad operacional es el pilar fundamental de cualquier programa exitoso de operaciones con sistemas aéreos no tripulados (UAS). A diferencia de las operaciones tripuladas convencionales, donde existe un piloto a bordo que puede intervenir en emergencias, los drones operan bajo control remoto, lo que exige un nivel aún mayor de preparación, procedimientos documentados y mantenimiento proactivo.

Este capítulo proporciona un marco integral sobre cómo implementar seguridad operacional en todo el ciclo de vida del UAS: desde la planificación previa al vuelo, pasando por procedimientos de emergencia, hasta el mantenimiento preventivo documentado. El contenido se fundamenta en los puntos sobre responsabilidades del operador y del piloto remoto del Anexo del Reglamento (UE) 2019/947 y en prácticas aeronáuticas consolidadas.

Buena práctica y obligación no son lo mismo

Este capítulo mezcla, inevitablemente, dos planos. Unas cosas son **exigibles** —los deberes de los puntos UAS.OPEN.050/060 y UAS.SPEC.050/060— y otras son **buenas prácticas** tomadas de la aviación tripulada, valiosas pero no obligatorias en categoría Abierta. Cuando una recomendación no derive de una obligación normativa, se indica expresamente.

Objetivo del Capítulo

Al completar este capítulo, comprenderás:

- Cómo implementar un programa de gestión de riesgos operacionales.
- Procedimientos críticos de pre-vuelo y post-vuelo.
- Planes de mantenimiento preventivo y documentación.
- Protocolos de emergencia y respuesta ante incidentes.
- Inspecciones visuales, funcionales y periódicas del equipo.
- Cómo crear una cultura de seguridad en operaciones UAS.

11.2 Gestión de Riesgos Operacionales

La gestión de riesgos es un proceso continuo que comienza durante la planificación de la operación y no termina hasta que se ha documentado completamente el vuelo y se han revisado las lecciones aprendidas.

11.2.1 Ciclo de Gestión de Riesgos

El ciclo de gestión de riesgos en operaciones UAS consta de cinco etapas:

Etapa	**Descripción**
1. Identificación	Listar todos los peligros potenciales (clima, terreno, terceros, equipo, operador)
2. Análisis	Evaluar probabilidad e impacto de cada peligro
3. Evaluación	Clasificar riesgos como aceptable, tolerable o inaceptable
4. Control	Implementar medidas de mitigación (procedimientos, equipos, restricciones)
5. Monitoreo	Revisar continuamente durante la operación y después

Cuadro 11.1
Las cinco etapas del ciclo de gestión de riesgos operacionales.

11.2.2 Matriz de Riesgos: Probabilidad e Impacto

Para evaluar objetivamente el riesgo, se utiliza una matriz de dos dimensiones: probabilidad (frecuencia del evento) e impacto (severidad de las consecuencias).

Prob.	**Impacto Bajo**	**Impacto Medio**	**Impacto Alto**
Baja	Aceptable	Aceptable	Tolerable
Media	Aceptable	Tolerable	Inaceptable
Alta	Tolerable	Inaceptable	Inaceptable

Cuadro 11.2
Matriz de riesgo: calificación resultante de combinar probabilidad e impacto.

Documentación de riesgos

Es fundamental registrar cada evaluación de riesgo en el archivo operacional. Esto proporciona trazabilidad y permite identificar patrones a lo largo del tiempo.

11.2.3 Responsabilidades del Operador

Conforme a los puntos UAS.OPEN.050 y UAS.SPEC.050 del Anexo del Reglamento (UE) 2019/947, el **operador UAS** —que puede ser una empresa, y no necesariamente quien pilota— es responsable de:

En categoría Abierta (UAS.OPEN.050), el operador debe:

- Asegurarse de que el piloto remoto **conoce el manual del fabricante** y posee la competencia exigida por la subcategoría.
- Verificar que la aeronave está en **condiciones de volar con seguridad** y correctamente marcada con su número de operador.
- Comprobar que la operación respeta las **zonas geográficas UAS** aplicables.

En categoría Específica (UAS.SPEC.050), se añaden obligaciones sustancialmente mayores:

- **Elaborar procedimientos operacionales documentados** y un manual de operaciones.
- Realizar la **evaluación de riesgos** y aplicar las mitigaciones acreditadas.
- Garantizar la **formación** del piloto remoto y del personal de apoyo.
- **Mantener registros** de formación, mantenimiento y operaciones durante al menos 3 años.
- Designar un **piloto remoto** para cada operación y asegurar los medios previstos en la autorización.

► No traslades a Abierta las obligaciones de Específica

Buena parte de lo que se presenta como «obligaciones del operador de drones» —manual de operaciones, evaluación de riesgos documentada, auditorías internas, registros— pertenece a la **categoría Específica**. En Abierta no son exigibles.

Este capítulo mezcla deliberadamente ambos planos porque las prácticas de la Específica mejoran cualquier operación. Pero conviene que sepas cuáles te obligan y cuáles adoptas por criterio propio.

▶ Consecuencias del incumplimiento

La negligencia puede acarrear sanciones administrativas conforme al régimen sancionador nacional —en España, el previsto en la Ley 21/2003 de Seguridad Aérea y en el Real Decreto 517/2024—, además de la revocación de la autorización operacional o del LUC si los tuvieras, y de la responsabilidad civil por los daños causados.

11.3 Mantenimiento Preventivo y Correctivo

El mantenimiento es el pilar que sostiene la aeronavegabilidad continua del UAS. Un programa efectivo de mantenimiento reduce significativamente la probabilidad de fallos durante el vuelo.

Figura 11.1
Sustitución de una hélice. Es la intervención más frecuente del mantenimiento de un multirrotor y, con diferencia, la que más se despacha sin registrar.

La hélice es un consumible, y conviene tratarla como tal

En un multirrotor casi todo el empuje y buena parte de las vibraciones nacen en las hélices. Una pala con una muesca, una microfisura o una punta ligeramente deformada queda **desequilibrada**: introduce una vibración que la unidad inercial interpreta como ruido y que degrada la estabilización mucho antes de que el fallo sea visible en vuelo.

Cuatro hábitos que evitan la mayoría de los sustos:

- Revisar el **borde de ataque** al tacto después de cada sesión, no sólo a la vista.
- Sustituir en **juegos completos**, no la pala dañada sola, para no mezclar desgastes.
- Apretar con el **par que indique el fabricante** y volver a comprobar la sujeción tras el primer vuelo.
- Descartar sin contemplaciones cualquier hélice que haya intervenido en un **impacto**, aunque parezca intacta.

11.3.1 Tipos de Mantenimiento

Mantenimiento Preventivo

El mantenimiento preventivo se realiza según un cronograma predefinido, con independencia de que se observe algún defecto.

► Los intervalos los fija el fabricante, no un reglamento

No existe un calendario de mantenimiento impuesto por la normativa europea de drones. Los intervalos aplicables son los del **manual de tu aeronave**, y varían mucho de un modelo a otro: un multirrotor de consumo y uno profesional de 15 kg no comparten ni periodicidad ni alcance.
Los ejemplos siguientes son **ilustrativos del tipo de tarea** que suele programarse, no cifras que puedas aplicar a tu equipo sin consultar su documentación.

- Inspección visual antes de cada sesión de vuelo.
- Limpieza y lubricación de partes móviles, según el intervalo del fabricante.
- Sustitución de baterías al alcanzar el número de ciclos o el grado de degradación que indique el fabricante.
- Revisión de cableado y conectores, con periodicidad basada en horas de vuelo.
- Calibración de sensores —brújula, acelerómetros, barómetro— según recomendación del fabricante o tras un impacto.

El entorno acorta los intervalos

Los intervalos del fabricante presuponen condiciones normales. Operar en ambiente marino, con polvo en suspensión, con temperaturas extremas o en agricultura con productos químicos justifica **acortarlos**. La corrosión salina, en particular, actúa mucho más rápido de lo que cualquier calendario genérico contempla.

Mantenimiento Correctivo

El mantenimiento correctivo se realiza cuando se detecta un defecto o mal funcionamiento:

- Reparación de daño estructural (grietas en fuselaje, brazos rotos).
- Sustitución de componentes electrónicos defectuosos.
- Reparación de sistemas de transmisión de datos.
- Reemplazo de sensores que dan lecturas anómalas.

▶ **No volar sin reparar defectos**

Si se identifica un defecto durante inspección, el UAS **no debe operarse** hasta que se haya reparado y verificado. Volar con defectos conocidos es negligencia operacional.

11.3.2 Inspecciones Periódicas

Inspección Pre-Vuelo (Diaria)

Se realiza antes de cada sesión operacional:

- Estructura: ausencia de grietas, daños, deformaciones.
- Hélices: sin grietas, rotación suave, fijación segura.
- Batería: voltaje correcto, sin hinchazón, contactos limpios.
- Cámaras/sensores: lentes limpios, montura segura, funcionamiento básico.
- Enlaces de datos: canalización de antenas, sin daño visible.
- Enlace de control: probado en rango seguro (sin obstáculos).

Inspección Post-Vuelo (Tras cada operación)

Se realiza inmediatamente después del vuelo:

- Estado general: buscar daño por impacto, corrosión, suciedad.
- Temperatura: verificar que ha enfriado a temperatura ambiente.
- Desconexión segura: extraer batería, guardar en lugar seguro.
- Documentación: registrar duración del vuelo, incidentes, observaciones.

Inspección Periódica Profunda

Se realiza con la periodicidad que indique el fabricante, ajustada al tipo de equipo, a la intensidad de uso y al entorno de operación:

- Desmontaje controlado: separación de componentes principales.
- Inspección visual interna: búsqueda de corrosión, fisuras, acumulación de polvo.
- Lubricación: aplicación de lubricante en articulaciones, engranajes.
- Calibración: ajuste de sensores (brújula, acelerómetros, barómietros).
- Pruebas funcionales: verificación de cada sistema en condiciones controladas.

11.3.3 Registro de Mantenimiento

Todo mantenimiento (preventivo y correctivo) debe documentarse. El registro debe incluir:

Campo	Información
Fecha	Día, mes y año del mantenimiento
Tipo	Preventivo, correctivo, o inspección
Descripción	Qué se realizó (ej: "Limpieza de sensores y calibración")
Horas de vuelo	Total acumuladas del UAS al momento
Persona responsable	Nombre y certificación (si aplica)
Materiales usados	Piezas reemplazadas, lubricantes, etc.
Hallazgos	Problemas identificados y su resolución
Próximo mantenimiento	Fecha o horas programadas

Cuadro 11.3

Campos que debe recoger un registro de mantenimiento.

Obligatorios en Específica, recomendables en Abierta

Conviene precisar el alcance de la obligación, porque no es igual en todas las categorías.

En **categoría Específica**, el punto **UAS.SPEC.050(1)(g)** obliga a mantener registro de las actividades de mantenimiento y a conservarlo **un mínimo de 3 años**. Una autoridad puede solicitarlo en inspección, y su ausencia es un incumplimiento.

En **categoría Abierta no existe esa obligación**. Llevar el registro sigue siendo muy recomendable —es la prueba de tu diligencia si algún día tienes que responder por un daño—, pero no es exigible.

11.4 Protocolos y Procedimientos Operacionales

Los procedimientos documentados son la base de operaciones seguras y repetibles. Todos los miembros del equipo operacional deben conocer y seguir estos protocolos.

11.4.1 Plan Operacional Previo

Antes de cada vuelo, se prepara un plan que incluye:

1. **Objetivo de la operación**: Qué se intenta lograr (inspección, mapeo, vigilancia, etc.).
2. **Zona de operación**: Coordenadas, mapa, identificación de obstáculos y terceros.
3. **Análisis meteorológico**: Viento, visibilidad, precipitación, temperatura.
4. **Evaluación de riesgos**: Matriz de riesgos, medidas de mitigación.
5. **Equipo necesario**: Drones, baterías, sensores, radioenlaces, equipo de seguridad.
6. **Personal asignado**: Piloto, observador, operador de carga útil, si aplica.
7. **Procedimientos de emergencia**: Acciones en caso de pérdida de enlace, batería baja, etc.

11.4.2 Procedimiento de Vuelo Operacional

Pre-Lanzamiento (30 minutos antes)

1. Confirmación meteorológica final (viento, visibilidad).
2. Verificación de espacio aéreo: contacto con ATC si procede.
3. Preparación de equipos de tierra: batería de respaldo, botiquín, extintor.
4. Briefing de equipo: confirmación de roles y procedimientos.
5. Realizar checklist pre-vuelo completo (ver sección Checklists).

Lanzamiento y Operación

1. Posicionamiento del operador: ubicación desde la que se asegura contacto visual.
2. Inicio de grabación de datos de vuelo (logger del UAS).
3. Descenso suave y aumento de altitud progresivo.
4. Monitoreo continuo: señal de control, telemetría, comportamiento del equipo.
5. Respeto de límites: altitud máxima, zona de operación, tiempo de vuelo.
6. Comunicación clara: uso de fraseología estándar con el equipo.

Aterrizaje y Post-Operación

1. Descenso controlado a baja velocidad.
2. Aterrizaje suave en zona despejada.
3. Desconexión segura: corte de motores, extracción de batería.
4. Inspección post-vuelo inmediata (ver checklist).
5. Documentación de la operación: duración, incidentes, observaciones.

Comunicación clara

El uso de fraseología estándar entre operador y observador reduce malentendidos. Ejemplo: “Drone en ascenso”, “Controlando telemetría”, “Batería al 40 %”, “Aterrizaje iniciado”.

11.5 Procedimientos de Emergencia

Todo operador debe tener planes de contingencia documentados para situaciones críticas.

11.5.1 Pérdida de Enlace de Control

► **Situación crítica**

Si el UAS pierde conexión con la estación de control, debe entrar automáticamente en un modo de seguridad.

Causas comunes:

- Obstáculo que bloquea la antena de tierra.
- Interferencia de radiofrequencia (cerca de radares, torres de comunicación).
- Fallo del equipamiento de radioenlace.
- Operador alcanzó rango máximo de comunicación.

Procedimiento de respuesta:

1. El UAS debe tener programado un comportamiento de **failsafe**: típicamente, retorno automático al punto de lanzamiento (RTH) o aterrizaje en posición actual.
2. El operador debe detener intentos de reconexión (puede causar maniobras impredecibles).
3. Esperar a que el UAS complete su acción programada de failsafe.
4. Documentar el incidente: duración de pérdida, ubicación, causa probables.
5. Investigar y resolver la causa antes de próximas operaciones.

11.5.2 Batería Baja y Batería Crítica

Los sistemas de gestión de batería no avisan una vez, sino **dos**, y la diferencia entre ambos avisos es la que separa una decisión de una consecuencia: en el primero manda el piloto; en el segundo, ya no.

Nivel	**Quién controla**	**Qué ocurre**
Batería baja	El piloto	Se interrumpe la tarea y se regresa al punto de aterrizaje previsto
Batería crítica	La aeronave	Aterrizaje forzado en la posición actual; al piloto sólo le queda gestionar la consecuencia

Cuadro 11.4
Los dos umbrales de batería y quién conserva el control en cada uno.

Batería baja: el momento de decidir

Síntoma: Primer aviso en la telemetría o en la emisora. La aeronave sigue plenamente gobernable.

Procedimiento:

1. Interrumpir la tarea en curso.
2. Comunicar al equipo: "Batería baja, regresando".
3. Iniciar el regreso al punto de aterrizaje previsto, manualmente o activando el retorno automático.
4. Vigilar el consumo durante el trayecto: el viento en contra puede duplicarlo respecto a la ida.
5. Aterrizar conservando reserva, sin esperar al segundo aviso.

El retorno automático se adelanta al porcentaje

Muchas aeronaves calculan de forma continua la carga necesaria para volver, en función de la distancia y la altura a la que se encuentran, e inician el regreso por su cuenta antes de alcanzar ningún umbral fijo. Es una ayuda, no una garantía: depende de que el punto de retorno esté bien fijado y de que el viento no se aparte de lo previsto.

Batería crítica: la aeronave toma el control

Síntoma: Segundo aviso. La aeronave inicia por sí misma el descenso y deja de aceptar órdenes que lo contradigan.

Procedimiento:

1. Asumir que el descenso ya ha comenzado y **no** pelear contra él con el mando.
2. Comunicar al equipo: "Batería crítica, aterrizaje inmediato".
3. Despejar la vertical: apartar a cualquier persona de la zona situada bajo la aeronave.
4. Corregir la horizontal hacia terreno despejado, en la medida en que el sistema aún lo permita.
5. Dejar enfriar la batería antes de extraerla, y no reutilizarla sin comprobar su estado.
6. Documentar el suceso, y en particular **por qué** se llegó hasta este punto.

► Llegar a batería crítica es un fallo de planificación

Alcanzar el segundo umbral no es una emergencia sobrevenida: salvo avería, significa que se ignoró el primer aviso. A partir de ahí el punto de aterrizaje ya no lo elige el piloto, sino la posición en que la aeronave se encuentre, que puede ser sobre agua, sobre una vía o sobre terceros.
Apurar la descarga hasta el límite además **degrada la batería**: las celdas de polímero de litio pierden vida útil con cada descarga profunda.

► Los umbrales los fija el fabricante, no la norma

El Reglamento (UE) 2019/947 **no establece porcentajes de batería**, del mismo modo que no fija límites de viento. Los valores de aviso los define el manual de tu aeronave y, en la mayoría de los equipos, son **configurables** por el piloto.
Consúltalos, ajústalos a tu operación —una inspección lejana necesita más reserva que un vuelo sobre el punto de despegue— y anótalos en tus procedimientos. Desconfía de cualquier cifra presentada como umbral universal.

11.5.3 Pérdida de Altitud o Caída

Causa: Fallo de motor, daño a propela, pérdida repentina de señal altimétrica, problema en sistema de estabilización

Procedimiento:

1. Reconocer la pérdida de altitud en telemetría.
2. Intentar subida manual con palanca de control (si el UAS responde).
3. Si no responde o continúa cayendo, proclamar: "Pérdida de altitud, evacuar zona".
4. Permitir que el UAS aterrice por gravedad en zona despejada (puede causar daño al equipo, pero no a terceros).
5. No intentar maniobras evasivas extremas (pueden ser peor que el impacto).
6. Documentar: velocidad de descenso observada, última altitud conocida, daño resultante.

11.5.4 Acercamiento no Autorizado de Terceros

Situación: Una persona no autorizada se acerca a la zona de operación

Procedimiento:

1. **Primero la aeronave**: aleja el dron de la persona y llévalo a una posición segura. Si la separación exigida por tu subcategoría deja de garantizarse, **aterriza**.
2. El **personal de apoyo** —no el piloto— se dirige al tercero. El piloto no debe apartar la vista de la aeronave: perdería el VLOS.
3. Comunicar con cortesía y sin confrontación: «Estamos realizando una operación con dron, ¿le importaría situarse fuera de esta zona?».
4. Si la persona no se aparta, **aterrizar**. La operación puede reanudarse después; un incidente con un tercero, no.
5. Avisar a la autoridad local únicamente si hay obstrucción deliberada o riesgo para la seguridad.
6. Registrar el suceso en el registro de operaciones.

▶ No pidas identificación ni grabes a la persona para «documentar»

Anotar los datos de un tercero o grabarlo con la cámara del dron constituye un **tratamiento de datos personales** sujeto al RGPD, y difícilmente encontrarás base legal que lo ampare en este supuesto. Documenta el **hecho** —hora, lugar, circunstancia y decisión adoptada—, no a la persona. El Capítulo 8 desarrolla esta cuestión.

Prevención proactiva

La mejor forma de evitar este incidente es establecer perímetro de seguridad antes de iniciar: señalización clara, personal de apoyo, vallas si es posible.

11.6 Notificación de Sucesos

Los procedimientos de emergencia anteriores terminan cuando la aeronave está en el suelo y las personas a salvo. Pero hay una obligación posterior que muchos operadores desconocen, y cuyo incumplimiento convierte un accidente en dos problemas: la **notificación del suceso a la autoridad**.

11.6.1 De Dónde Viene la Obligación

No procede del Reglamento (UE) 2019/947 sino del **Reglamento (UE) 376/2014**, relativo a la notificación de sucesos en la aviación civil. Es una norma anterior a la regulación de drones y de alcance general, a la que el punto **UAS.SPEC.050** remite expresamente para los operadores de categoría específica.

▶ También afecta a la categoría Abierta

Es el punto que más se ignora. La notificación **no es exclusiva de la categoría específica**: hay supuestos en los que un operador de categoría Abierta está igualmente obligado, señaladamente cuando la operación ha causado **lesiones graves o mortales** a una persona, o cuando se ha producido una **proximidad o colisión con una aeronave tripulada**. Volar en Abierta no exime de notificar lo que ha salido mal.

11.6.2 Qué Se Notifica

La norma distingue dos vías:

- **Notificación obligatoria** — Sucesos que suponen un riesgo significativo para la seguridad aérea. En operaciones con UAS entran típicamente aquí las lesiones graves o mortales, los encuentros con aeronaves tripuladas, la entrada involuntaria en una zona geográfica prohibida y los sucesos de seguridad física o ciberseguridad —interferencia ilícita— con incidencia en la seguridad del vuelo.

- **Notificación voluntaria** — Cualquier otro suceso o información de seguridad que el notificante considere relevante, aunque no encaje en los supuestos obligatorios. Aquí entran los casi-incidentes que no llegaron a mayores, que son precisamente los más útiles para prevenir.

11.6.3 Plazo

► 72 horas

El Reglamento (UE) 376/2014 fija un plazo de **72 horas** desde que se tuvo conocimiento del suceso, salvo que lo impidan circunstancias excepcionales.
Es un plazo corto, y corre desde el conocimiento, no desde que uno se recupera del disgusto o resuelve el asunto con el cliente. Conviene tenerlo previsto **antes** de necesitarlo.

11.6.4 La Cultura Justa

El sistema descansa sobre un principio que conviene entender, porque es lo que lo hace funcionar: la **cultura justa**.

La información notificada se recoge **con fines exclusivos de seguridad**. El reglamento obliga a proteger la confidencialidad de quien notifica y a evitar que lo comunicado se emplee para fines distintos de la mejora de la seguridad.

Notificar no es autoinculparse

El temor a que la notificación se vuelva contra uno es la razón principal por la que no se notifica, y es en buena medida infundado: el sistema está diseñado para lo contrario.
La protección no es absoluta —no ampara la negligencia grave ni las conductas dolosas—, pero el suceso honestamente notificado alimenta un sistema del que todos aprenden. Y, en el plano práctico, un operador que notifica y documenta demuestra diligencia; uno que oculta, cuando se descubre, demuestra lo contrario.

11.6.5 Cómo y Dónde Notificar

Cada Estado dispone de su propio sistema de notificación, gestionado por la autoridad aeronáutica nacional, normalmente mediante formulario electrónico. Los datos se integran después en el repositorio europeo común.

Prepáralo antes de necesitarlo

Localiza **ahora** el canal de notificación de tu autoridad competente y anótalo en tu manual de operaciones o junto a tus procedimientos de emergencia. Buscarlo con 72 horas corriendo y un accidente reciente encima es la peor forma de encontrarlo. Los supuestos concretos sujetos a notificación obligatoria y el procedimiento aplicable los detalla la **autoridad aeronáutica bajo la que operes**.

11.7 Consecuencias del Incumplimiento

Este capítulo ha tratado hasta aquí de cómo hacer las cosas bien. Conviene cerrar con lo que ocurre cuando no se hacen, aunque sólo sea porque la pregunta se plantea siempre y rara vez se responde con precisión.

11.7.1 La Sanción No la Fija la Normativa Europea

El artículo 26 del Reglamento (UE) 2019/947

La normativa europea de drones **no establece multas**. Su artículo 26 se limita a encomendar a cada Estado miembro que determine el régimen de sanciones aplicable a las infracciones del reglamento, exigiendo únicamente que sean **efectivas, proporcionadas y disuasorias**.
La consecuencia práctica: los importes, la clasificación de las infracciones y el procedimiento **varían de un Estado a otro**, a veces de forma considerable, pese a que la norma infringida sea idéntica.

Por eso no encontrarás aquí una tabla de multas: cualquier cifra sería válida sólo en un país y engañosa en los demás. Lo que sí es común es la estructura.

11.7.2 Estructura Habitual del Régimen Sancionador

Los Estados suelen graduar las infracciones en tres niveles —leves, graves y muy graves—, con horquillas de sanción crecientes. La ubicación de una conducta concreta en uno u otro nivel atiende, por lo general, a criterios como:

- El **riesgo generado** para la seguridad aérea y para las personas.
- La **intencionalidad o la negligencia** del infractor.
- El **daño efectivamente causado**.
- La **reincidencia**.
- El **beneficio obtenido** con la conducta infractora.

▶ La multa no suele ser lo más caro

Centrarse en el importe de la sanción da una idea incompleta del riesgo. Un incumplimiento puede acarrear además:

- **Revocación o suspensión** de la autorización operacional o del LUC.
- **Inmovilización** de la aeronave.
- **Responsabilidad civil** por los daños causados, que es independiente de la sanción administrativa y no tiene techo tarifado.
- **Pérdida de cobertura del seguro** si la póliza excluye los daños producidos operando fuera de la normativa —lo que suele ser el caso—.
- **Responsabilidad penal**, en los supuestos más graves.

Para un operador profesional, además, la pérdida de la autorización y la reputación pesan bastante más que la multa.

Consulta tu régimen nacional

El cuadro concreto de infracciones y sanciones aplicable a tu actividad lo establece la legislación del Estado en que operes, y lo publica su **autoridad aeronáutica competente**. Si operas en varios países, ten presente que respetar el reglamento europeo te sirve en todos ellos, pero el régimen sancionador que te alcanzaría es el del Estado donde ocurra el hecho.

11.8 Checklists Operacionales

Las checklists son documentos críticos que aseguran que no se olvida ningún paso. Se recomienda imprimir y guardar en la maleta de vuelo.

11.8.1 Checklists Consolidadas

Imprimir y completar con bolígrafo antes/después de cada vuelo. **No saltar pasos.**

PRE-VUELO	**Verificar**
Estructura/Hélices	Sin daño, rotación suave
Batería	Voltaje OK, sin hinchazones
Conectores/Sensores	Limpios, funcionales
Mando/Antenas/Software	Cargado, funcionando
GPS/Clima/Espacio aéreo	Señal fija, viento dentro del límite del fabricante, zona geográfica UAS consultada
Zona/Personal	Segura, piloto descansado, roles asignados
POST-VUELO	**Hacer**
Enfriamiento	5 min, no tocar
Extraer batería/Guardar	Lugar protegido
Revisar daño	Estructura, hélices, sensores
Registrar	Horas, incidentes, logbook
PERIÓDICO (según fabricante)	**Realizar**
Hélices	Sustituir según horas o estado
Batería/Motores	Inspeccionar y limpiar
Conectores/Sensores	Limpiar y calibrar
Firmware	Actualizar

Cuadro 11.5
Checklist consolidada de pre-vuelo, post-vuelo y mantenimiento periódico.

Completar siempre

Imprimir, completar con bolígrafo, archivar. Los errores sistémicos ocurren cuando se omiten pasos rutinarios incluso después de 100 vuelos.

11.9 Casos Prácticos

11.9.1 Caso 1: Grieta Detectada en Inspección

Operador de mapeo nota grieta (5mm) en ala. Evaluación: Riesgo INACEPTABLE (propagación probable bajo vibración, impacto alto). **Acción:** Cancela la operación, sustituye la pieza, realiza una inspección completa y vuela al día siguiente. **Resultado:** Éxito. Costo evitado: dron perdido + responsabilidad civil. **Lección:** Inspección pre-vuelo salva vidas y dinero.

11.9.2 Caso 2: Corrosión Marina en Mantenimiento Periódico

Operador costero, 8 meses ambiente marino (sal). Inspecciones diarias OK pero sin mantenimiento profundo. Operación offshore crítica (2h, plataforma). **Hallazgo (50h):** Contactos oxidados, cristales de sal en compartimento. Evaluación: INACEPTABLE. **Acción:** Limpieza profunda, sustitución del conector, sellado marino y pruebas funcionales. **Resultado:** Operación exitosa. Costo evitado: plataforma + responsabilidad civil. **Lección:** Ambientes hostiles necesitan mantenimiento profundo, no solo visual.

11.9.3 Caso 3: RTH Automático Previene Caída

Mapeo urbano, zona residencial, 100m altitud. Min. 15: pérdida enlace (interferencia/obstáculo). Dron con RTH programado. **Respuesta:** RTH automático activa tras 3s, sube a 120m, vuela a punto lanzamiento, aterriza. Operador reconoce pérdida, comunica, camina a punto lanzamiento. **Resultado:** Dron recuperado íntegro, 15 min datos perdidos. Costo: 15 min tiempo. Sin RTH: dron volaría lejos, batería se agota, caída en residencial, accidente + responsabilidad civil ilimitada. **Lección:** RTH automático es medida crítica, no lujo. Programar, probar, documentar.

11.10 Preguntas Frecuentes y Errores Comunes

11.10.1 ¿Puedo volar fatigado?

No. Fatiga reduce reacción y decisión. Duerme mínimo 6h, no vueles si estás enfermo o estresado.

11.10.2 ¿Cada cuántas horas hay que hacer mantenimiento?

El intervalo base es el que fije el **manual de tu aeronave**: no hay cifra reglamentaria ni un estándar común entre fabricantes.

Sobre esa base, el entorno justifica **acortarlo**. De mayor a menor agresividad: el ambiente **marino** —por la corrosión salina— es el más exigente, seguido del **agrícola** —productos fitosanitarios y polvo—, el de **obra o industria pesada**, y por último el uso en entorno benigno. Si operas en los tres primeros, adelanta las revisiones respecto a lo que indique el manual y déjalo documentado.

11.10.3 ¿Dron usado con daño?

No vueles. Inspección profunda primero. Si daño pre-existente no revelado: reclamación. Si reparable: documenta. Si grave: devolución.

11.10.4 Error: Inspección visual solamente

Falso. Corrosión interna, grietas en PCB, capacitores hinchados no se ven. Haz inspección profunda periódica (desensambla, prueba funcionalmente).

11.10.5 Error: Checklist solo si algo anormal

Falso. Checklist existe para rutina. Los operadores que saltaron pasos sufrieron fallas. Conectores húmedos por rocío → cortocircuito → caída. **Siempre usa checklist.**

11.11 Cultura de Seguridad en Operaciones UAS

La seguridad operacional no es solo cumplimiento normativo. Es una **cultura** que debe permear toda la organización de operaciones UAS.

11.11.1 Elementos de una Cultura de Seguridad Fuerte

1. Liderazgo Comprometido

La dirección (CEO, responsable de operaciones) debe demostrar que seguridad es prioridad número uno:

- Asignación de recursos para entrenamiento, equipos de seguridad.
- Política de "reporte sin culpas" para incidentes y casi-accidentes.
- Revisión periódica de indicadores de seguridad.
- Comunicación clara de que un retraso por seguridad es mejor que un accidente.

2. Capacitación Continua

Todo personal operacional debe recibir entrenamiento:

- Pilotos: certificación inicial + actualización anual.
- Observadores: entrenamiento en identificación de riesgos y procedimientos.
- Mecánicos: entrenamiento en mantenimiento específico del equipo.
- Nuevas regulaciones: briefing cuando hay cambios normativos.

3. Reporte y Análisis de Incidentes

Crear canales para que el equipo reporte problemas sin temor a represalias:

- "Fui demasiado conservador al abortar un vuelo" — es correcto, no malo.
- "Olvidé paso de checklist" — reportar, no ocultar.
- Analizar cada incidente, no solo accidentes graves.
- Compartir lecciones aprendidas con toda la organización.

Reporte sin culpas

El objetivo no es castigar, sino aprender. Un incidente reportado hoy puede prevenir un accidente mañana.

4. Auditorías Internas

Realizar inspecciones regulares de cumplimiento:

- ¿Se están completando checklists? (revisar archivos).
- ¿Se documenta mantenimiento? (revisar registros).
- ¿El equipamiento de seguridad está disponible? (inspección física).
- ¿El personal conoce procedimientos de emergencia? (cuestionario).

Frencuencia: mínimo trimestral.

5. Mejora Continua

La seguridad no es "establecer políticas y listo". Es iteración:

- Revisar indicadores de seguridad mensualmente.
- Identificar patrones (ej: "siempre hay problemas con batería tipo X").
- Implementar correcciones (ej: cambiar a batería diferente).
- Entrenar equipo en nuevos procedimientos.
- Repetir ciclo

11.12 Resumen

Los puntos clave de este capítulo:

1. **Gestión de riesgos** es un proceso continuo: identificación → análisis → evaluación → control → monitoreo.
2. **Mantenimiento preventivo** es más efectivo y barato que correctivo. Programar intervalos regulares según manual del fabricante.
3. **Inspecciones antes y después de cada vuelo** son la primera línea de defensa. Complementarlas con revisiones profundas según el intervalo del fabricante, acortado si el entorno es agresivo.
4. **Procedimientos documentados** aseguran repetibilidad y consistencia. Crear, entrenar, actualizar regularmente.
5. **Checklists** son herramientas críticas. Usar siempre, imprimir, archivar.
6. **Procedimientos de emergencia** deben ser ensayados y bien conocidos por todo el equipo. No improvisación en crisis.
7. **Registro documentado** de operaciones y mantenimiento: **obligatorio en categoría Específica** (UAS.SPEC.050(1)(g), mínimo 3 años) y **recomendable en Abierta**, donde no es exigible pero sí es tu mejor prueba de diligencia.
8. **Distingue obligación de buena práctica.** Manual de operaciones, evaluación de riesgos documentada y auditorías internas pertenecen a la categoría Específica; adoptarlos en Abierta es criterio propio, no deber legal.
9. **Cultura de seguridad** no se impone, se cultiva con liderazgo, capacitación, reporte honesto y mejora continua.
10. **Piloto remoto y operador tienen responsabilidades distintas.** El piloto responde de la conducción segura del vuelo; el operador, de la organización, los medios y los registros. Pueden coincidir en la misma persona, pero los deberes no se sustituyen.

11. **Notificar los sucesos es obligatorio**, y no sólo en categoría específica: también en Abierta cuando hay lesiones graves o encuentro con aeronave tripulada. El plazo es de **72 horas** desde que se conoce el hecho, conforme al Reglamento (UE) 376/2014.
12. **La cultura justa protege a quien notifica.** La información se recoge con fines de seguridad y se protege la confidencialidad del notificante. Ocultar un suceso perjudica más que declararlo.
13. **La normativa europea no fija las multas.** Su artículo 26 delega el régimen sancionador en cada Estado, exigiendo sólo que sea efectivo, proporcionado y disuasorio. Y la sanción rara vez es lo más costoso: la pérdida de autorización, la responsabilidad civil y la exclusión de la cobertura del seguro pesan más.
14. **Un incidente evitado hoy** es miles de euros y potencialmente vidas salvadas mañana.

11.13 Referencias Normativas

Normativa Aplicable

Regulaciones Europeas:

- **Reglamento de Ejecución (UE) 2019/947**, Anexo:
  - **UAS.OPEN.050** — Responsabilidades del operador UAS en categoría abierta.
  - **UAS.OPEN.060** — Responsabilidades del piloto remoto en categoría abierta.
  - **UAS.SPEC.050** — Responsabilidades del operador UAS en categoría específica, incluidos los registros.
  - **UAS.SPEC.060** — Responsabilidades del piloto remoto en categoría específica.
- **Reglamento Delegado (UE) 2019/945**, Anexo — Requisitos técnicos de cada clase, de la Parte 1 (C0) a la Parte 6 (C6).
- **Reglamento (UE) 376/2014** — Notificación de sucesos en la aviación civil. Plazo de 72 horas y principio de cultura justa. El punto UAS.SPEC.050 remite a él.
- **Reglamento de Ejecución (UE) 2019/947, artículo 26** — Encomienda a los Estados miembros fijar el régimen de sanciones, que debe ser efectivo, proporcionado y disuasorio.

Autoridades y Recursos:

- **Página de EASA sobre regulación de UAS.**
  `https://www.easa.europa.eu/en/the-agency//`
  `↪ objectives-and-tasks`
- **Especificaciones técnicas y guías EASA.**
  `https://www.easa.europa.eu/en/document-library/`

Capítulo 12

Glosario, Recursos y Plantillas

12.1 Introducción

Este capítulo final de *Listo para Volar* proporciona recursos prácticos e indispensables para operadores UAS, pilotos remotos, formadores y reguladores. A lo largo de los once capítulos anteriores, hemos cubierto el marco regulatorio EASA, categorías de operación, certificaciones, permisos, seguridad y procedimientos operativos. Ahora consolidamos esa información en herramientas que puedas utilizar directamente en tu actividad diaria.

Propósito

Este capítulo te proporciona:

- Glosario completo de términos EASA.
- Contactos de autoridades competentes por país.
- Plantillas de documentación operativa.
- Referencias normativas consolidadas.
- Checklist de cumplimiento normativo.

12.2 Glosario de Términos EASA

A continuación se presenta un glosario completo de términos técnicos, operativos y regulatorios utilizados en la normativa EASA para sistemas de aeronaves no tripuladas.

Aeronavegabilidad (Airworthiness): Capacidad de una aeronave de estar en condiciones seguras para volar. Para UAS, incluye inspecciones regulares, mantenimiento, cumplimiento técnico y certificación CE.

Afectado por restricción aérea (Airspace Restriction): Zona del espacio aéreo donde las operaciones UAS están limitadas o prohibidas debido a infraestructuras críticas, rutas aéreas civiles, zonas militares o áreas de especial protección.

Alcance visual directo (*Visual Line of Sight* — VLOS): Capacidad del piloto remoto de mantener contacto visual continuo y sin ayudas ópticas con la aeronave durante toda la operación. La normativa **no fija una distancia máxima en metros**: el límite es el propio alcance de la vista, que varía con el tamaño del dron y la visibilidad. Orientativamente, 100–300 m con un dron pequeño y más con uno grande.

Altura de vuelo (Altitude): Distancia vertical medida desde el nivel del mar (MSL) o desde el nivel del terreno (AGL, Above Ground Level).

Aprobación de documentos (Document Approval): Proceso de revisión y autorización formal de documentos operativos por autoridad competente.

Autoridad aeronáutica nacional (National Competent Authority): Organismo gubernamental designado por cada estado miembro para implementar, supervisar y hacer cumplir la regulación EASA. Ejemplos: AESA (España), DGAC (Francia), LBA (Alemania).

Autorización operacional (*Operational Authorisation*): Permiso expedido por la autoridad competente para realizar operaciones UAS en categoría específica que no encajan en un escenario estándar. Se solicita acompañada de la evaluación de riesgos correspondiente: el PDRA aplicable o, si no lo hay, un SORA completo.

BVLOS (Beyond Visual Line of Sight): Operaciones donde el dron no permanece dentro del alcance visual del piloto remoto. Requiere sistemas de detección de conflictos, telemetría confiable y autorización específica.

Categoría abierta (Open Category): Categoría de operación UAS de bajo riesgo sin requisito de autorización previa. Incluye subcategorías A1, A2 y A3.

Categoría certificada (Certified Category): Categoría de operación UAS de alto riesgo que requiere certificación completa del operador, similares a requisitos de aviación tripulada.

Categoría específica (*Specific Category*): Categoría de operación UAS de riesgo moderado. Admite tres vías: **declaración** bajo un escenario estándar (STS-01 o STS-02), **autorización operacional** previa evaluación de riesgos (PDRA o SORA), o **certificado LUC**. No siempre exige autorización individual.

Certificación CE (CE Marking): Marca de conformidad que los fabricantes aplican a drones de clases C0-C6, certificando cumplimiento con requisitos técnicos del Reglamento (UE) 2019/945.

Certificado A1/A3 (A1/A3 Certificate): Certificación teórica para pilotos remotos en operaciones de categoría abierta. Se obtiene por examen online, sin evaluación práctica.

Certificado A2 (*A2 Certificate*): Certificación para pilotos remotos en la subcategoría A2. Exige tener previamente el A1/A3, superar un examen teórico en línea ante la autoridad competente y completar una autoformación práctica que el propio piloto declara. No requiere evaluación con instructor.

Clase de dron (Drone Class): Categoría técnica de aeronave UAS definida por masa y capacidades. Clases C0-C6 según Reglamento 2019/945.

Conflicto de espacio aéreo (Airspace Conflict): Situación donde una operación UAS se superpone espacialmente con otra aeronave, ruta de tráfico o zona restringida.

Declaración de conformidad (Declaration of Conformity): Documento emitido por el fabricante certificando que un dron cumple requisitos técnicos EASA.

Educación aeronáutica (Aeronautical Education): Formación teórica en conocimientos aeronáuticos, navegación, meteorología, reglamentaciones y factores humanos. Sustenta el certificado A1/A3, el A2 y el de escenario estándar.

Enlace de datos (Data Link): Conexión inalámbrica entre la estación remota (mando) y el dron. Debe ser confiable, seguro contra interferencias y con alcance adecuado.

Espacio aéreo controlado (Controlled Airspace): Volumen de aire administrado por un organismo de control de tráfico aéreo (ATC). Requiere coordinación y autorización para operaciones UAS.

Espacio aéreo no controlado (Uncontrolled Airspace): Volumen de aire no administrado por ATC. Operaciones UAS más simples, pero deben notificarse a autoridades locales.

Estación remota (Remote Station): Equipo de control desde tierra (mando, radioenlace) desde el cual el piloto remoto controla la aeronave.

Estado de aeronavegabilidad (Airworthiness Status): Condición legal de un dron que cumple requisitos técnicos y ha superado inspecciones. Documentado en registro de operador.

Evaluación de conformidad (Conformity Assessment): Proceso de verificación que un dron cumple requisitos del Reglamento 2019/945 antes de comercialización.

Evaluación de riesgos (Risk Assessment): Análisis sistemático de peligros y riesgos de una operación UAS específica. Metodología: SORA.

Expedición de documentación (Document Issuance): Proceso administrativo donde una autoridad nacional emite certificados, autorizaciones, registros y permisos.

Ficha técnica del dron (Drone Profile): Descripción técnica completa: modelo, serie, masa, capacidades, limitaciones, certificaciones.

Gestor del espacio aéreo (Airspace Manager): Organización responsable de coordinar el uso del espacio aéreo, incluyendo segregación de operaciones UAS.

Glosario EASA (EASA Glossary): Documento oficial EASA que define todos los términos y definiciones técnicas de regulación UAS.

Guía de implementación (Implementation Guide): Documento explicativo emitido por EASA o autoridades nacionales para clarificar interpretación y aplicación de reglamentos.

Identificación remota (Remote ID): Capacidad técnica de transmitir de forma continua el número de operador y la posición de la aeronave. La incorporan las clases C1, C2, C3, C5 y C6; **no** la llevan la C0 ni la C4.

Indemnización (Insurance): Cobertura obligatoria de responsabilidad civil que cubre daños a terceros causados por operaciones UAS.

Informe de incidente (Incident Report): Documentación obligatoria de eventos anormales (casi-accidentes, pérdida de control, daños no intencionales).

Inspección de aeronavegabilidad (Airworthiness Inspection): Revisión periódica de condiciones físicas, mecánicas y técnicas del dron. Registrada en logbook de aeronave.

Instalación de software (Software Installation): Carga de firmware, aplicaciones o actualizaciones en sistemas de control del dron. Debe documentarse en registro operativo.

Instructor de piloto remoto (Remote Pilot Instructor): Persona certificada por autoridad nacional para impartir formación teórica y práctica de pilotos remotos.

Interferencia electromagnética (EMI — Electromagnetic Interference): Perturbación del enlace de datos o sistemas de navegación causada por emisiones externas. Riesgo mitigable con equipos certificados.

Kit de dron (Drone Kit): Componentes de dron en forma de conjunto no ensamblado. La responsabilidad de cumplimiento técnico recae en el ensamblador.

Limitación operativa (Operational Limitation): Restricción de uso de un dron basada en características técnicas, climáticas o regulatorias. Ejemplos: altitud máxima, peso máximo, condiciones de viento.

Logbook de aeronave (Aircraft Logbook): Registro obligatorio de todos los vuelos, inspecciones, mantenimiento y eventos de un dron. Exigible en operaciones específicas/certificadas.

Logbook de piloto (Pilot Logbook): Registro de la experiencia de vuelo del piloto remoto, con horas, tipos de operación y condiciones meteorológicas. Exigible en categoría específica; en Abierta es recomendable, no obligatorio.

LUC (Light UAS Operator Certificate): Certificado que la autoridad competente concede a operadores con una organización y una gestión de la seguridad maduras. Según su alcance, puede facultar al operador para autorizar sus propias operaciones en categoría específica sin acudir a la autoridad en cada vuelo. Es voluntario: ningún operador está obligado a obtenerlo.

Lugar seguro de operación (Safe Flight Area): Zona designada donde operaciones UAS no ponen en riesgo a personas, bienes o infraestructura. Requisito de categoría A3.

Mantenimiento preventivo (Preventive Maintenance): Inspecciones y servicios programados de dron antes de falla. Registrados en logbook.

Manual de operaciones (Operations Manual): Documento que describe procedimientos operativos, checklist, limitaciones y políticas de seguridad de un operador UAS.

Masa máxima de despegue (MTOM — *Maximum Take-Off Mass*): Masa máxima con la que un dron puede despegar legalmente, incluidos batería y carga útil. Determina la clase técnica y la subcategoría en que puede operar. La normativa UAS emplea **MTOM**, no MTOW: el término con «weight» pertenece a la aviación tripulada.

Meteorología (Meteorology): Datos y predicciones de condiciones atmosféricas. METAR, TAF, viento, visibilidad son críticos para decisiones de vuelo.

Método de Análisis de Seguridad Aérea (Safety Assessment Method): Procedimiento sistemático para evaluar riesgos. SORA es ejemplo principal en regulación UAS.

Mitigación de riesgos (Risk Mitigation): Acciones implementadas para reducir probabilidad o severidad de riesgos identificados. Ejemplos: sistemas de paracaídas, telemetría redundante.

Notificación de vuelo (Notification of Flight): Comunicación previa a autoridades locales/ATC de una operación UAS planeada. Requerida en ciertas zonas.

Número de registro de operador (Operator Registration Number): Identificador único asignado por autoridad nacional a un operador UAS. Requisito legal para operar.

Obstáculos (Hindrances): Estructuras o formaciones naturales (edificios, torres, árboles) que representan riesgo para operaciones UAS.

Operación conjunta (Joint Operation): Operación UAS realizada por múltiples operadores coordinados. Requiere plan coordinado y responsabilidades claramente asignadas.

Operación nocturna (Night Operation): Operación UAS realizada después del ocaso o antes del orto solar. **Está permitida en categoría Abierta** siempre que la aeronave lleve encendida una luz verde intermitente; no exige por sí sola autorización alguna.

Operación sobre aglomeración (Operation over Crowd): Vuelo sobre personas, edificios o infraestructura congestionada. Requiere certificación o autorización específica.

Operador UAS (UAS Operator): Persona física o jurídica responsable de la operación segura del dron. Debe estar registrada y asegurada.

Orden de veto (Flight Prohibition): Decisión administrativa de prohibir operaciones en zona específica, emitida por autoridad competente.

Organismo notificado (Notified Body): Entidad certificada por autoridad nacional para realizar evaluaciones técnicas y verificación de conformidad de drones.

Paracaídas de aeronave (Airframe Parachute): Sistema de descenso controlado que despliega paracaídas completo para toda la aeronave. Mitigación de riesgo en operaciones específicas.

Pasarela de control (Control Station): Interfaz de usuario (pantalla, mandos) desde la cual piloto remoto controla dron en tiempo real.

PDRA (*Predefined Risk Assessment*, evaluación de riesgo predefinida): Análisis de riesgos ya resuelto por EASA para operaciones frecuentes de categoría específica. No es una alternativa al SORA sino un SORA hecho de antemano: si tu operación encaja en un PDRA publicado, te acoges a él y evitas realizar el análisis completo.

Perfil de riesgo (Risk Profile): Resumen cualitativo de riesgos identificados en operación UAS. Base para decisión de autorización.

Período de gracia (Grace Period): Plazo otorgado por autoridades para cumplimiento gradual de nuevos requisitos regulatorios.

Pista de vuelo (Airfield): Área designada, preparada y documentada para operaciones de aeronaves. Puede ser convencional o UAS-específica.

Propietario de dron (UAS Owner): Persona que posee legalmente la aeronave. Responsable de mantenimiento y documentación.

Queja o reclamación (Complaint): Notificación formal de incumplimiento regulatorio presentada a autoridad competente. Puede iniciarse investigación.

Radioenlace (Radio Link): Conexión inalámbrica entre estación remota y dron. Frecuencia típica en banda ISM 2.4 GHz / 5.8 GHz.

Rasante (Low-Level Flight): Operación UAS a altitud muy reducida, típicamente <50 metros AGL. Aumenta riesgo de colisión con obstáculos.

Registro de operaciones (Operations Log): Documento que registra cada vuelo: fecha, hora, lugar, piloto, dron, clima, incidentes.

Registro de operador (Operator Register): Base de datos central de autoridad competente con identidad, certificaciones y historial de cada operador.

Reglamento Base (Basic Regulation): El **Reglamento (UE) 2018/1139**, norma fundamental de la seguridad aérea europea, que habilita a la Comisión a legislar sobre drones. De él cuelgan los Reglamentos (UE) 2019/945 y 2019/947.

Reglamento Delegado (*Delegated Regulation*): Norma complementaria adoptada por la Comisión Europea en virtud de una delegación contenida en un acto legislativo. En materia UAS, el ejemplo es el **Reglamento Delegado (UE) 2019/945**, que fija los requisitos de producto. Se distingue del *Reglamento de Ejecución*, como el (UE) 2019/947, que desarrolla condiciones uniformes de aplicación.

Requisito de aeronavegabilidad (Airworthiness Requirement): Especificación técnica que debe cumplir un dron para ser legal. Ejemplos: identificación remota, señales de seguridad.

Requisito operativo (Operational Requirement): Procedimiento, limitación o acción que debe seguirse durante vuelo. Ejemplos: altitud máxima, visibilidad mínima.

Responsabilidad civil (Liability): Obligación legal de asumir costos de daños causados por operación UAS.

Restricción de vuelo (Flying Restriction): Limitación temporal o permanente de operaciones en zona específica.

Seguridad aérea (Flight Safety): Conjunto de medidas, procedimientos y tecnologías para evitar accidentes. Responsabilidad primaria de operador.

Seguro de responsabilidad civil (Liability Insurance): Póliza obligatoria que cubre responsabilidad por daños a terceros.

Señal de identificación remota (Remote ID Signal): Transmisión continua de identificador único del dron (número de serie, registro) para trazabilidad.

Sensor de detección de obstáculos (Obstacle Detection Sensor): Radar, lidar o cámara que detecta obstáculos en la trayectoria del dron. Es una mitigación del riesgo dentro del SORA, no un equipo obligatorio con certificación propia.

Servicio de información de vuelo (Flight Information Service): Servicio de ATC que proporciona información de tráfico, condiciones meteorológicas y restricciones aéreas.

Sistema de comando y control (Command and Control System): Conjunto de hardware/software que permite comunicación entre estación remota y dron.

Sistema de enlace de datos (Data Link System): Tecnología que establece comunicación inalámbrica entre mando y dron.

SORA (*Specific Operations Risk Assessment*): Metodología de evaluación de riesgos desarrollada por JARUS y adoptada por EASA. Permite clasificar operaciones de categoría específica en niveles de riesgo y determinar las mitigaciones necesarias. Sólo hay que realizarla cuando la operación no encaja en un escenario estándar ni en un PDRA publicado.

STS (*Standard Scenario*, escenario estándar): Operación de categoría específica predefinida por EASA en el Apéndice 1 del Anexo del Reglamento (UE) 2019/947. Si tu operación encaja exactamente en uno, basta con presentar una **declaración** ante la autoridad, sin autorización previa ni evaluación de riesgos propia. Existen dos: **STS-01** (VLOS sobre zona controlada en tierra en entorno poblado, con dron de clase C5) y **STS-02** (BVLOS con observadores del espacio aéreo sobre zona controlada en tierra en entorno escasamente poblado, con dron de clase C6).

Telemetría (Telemetry): Transmisión de datos de dron (posición, altitud, batería, velocidad) a piloto remoto en tiempo real.

Transposición nacional (National Transposition): Proceso de incorporación de reglamento europeo en legislación nacional. Ejemplo: Real Decreto 517/2024 en España.

U-Space: Sistema de gestión de espacio aéreo específicamente diseñado para operaciones de bajo nivel con múltiples UAS simultáneos.

UAS (Unmanned Aircraft System): Sistema completo incluyendo dron, estación remota, operador, enlace de datos y software.

Unidad de responsabilidad (Unit of Accountability): En aviación, organización o persona legalmente responsable de operación segura.

Verificación de cumplimiento (Compliance Verification): Auditoría o inspección para confirmar que operador sigue regulaciones.

Visibilidad (Visibility): Distancia máxima a la cual pueden verse objetos en condiciones meteorológicas actuales. METAR reporta en metros o kilómetros.

Vuelo de prueba (Test Flight): Operación controlada para verificar funcionamiento de sistemas de dron antes de operación comercial.

Zona de aproximación (Terminal Control Area — TMA): Espacio aéreo controlado alrededor de aeropuerto. Requiere coordinación especial para UAS.

Zona prohibida (Prohibited Area): Volumen de espacio aéreo donde operaciones aéreas están completamente prohibidas. Típicamente sobre zonas militares.

Zona restringida (Restricted Area): Volumen de espacio aéreo donde operaciones aéreas están limitadas a ciertos tipos o con autorización específica.

Zona roja (Red Zone): En contexto EASA, zona designada de prohibición o restricción aérea marcada en mapas de navegación.

12.3 Autoridades Competentes por País

Cada estado miembro de la Unión Europea designa una autoridad aeronáutica nacional responsable de supervisar operaciones UAS. En la siguiente tabla se resumen contactos, webs y responsabilidades de las principales autoridades EASA.

País y Autoridad	Web y Responsabilidades
España AESA	https://www.seguridadaerea.gob.es/ Certificación A1/A2/A3, autorizaciones específicas, registro de operadores. Email: consultas@aesa.es. Teléfono: +34 913 212 100.
Francia DGAC	https://www.ecologie.gouv.fr/ Certificación, autorizaciones, registro nacional. Email disponible por región.
Alemania LBA	https://www.lba.de/ Certificación UAS, permisos operativos, inspecciones. Luftfahrt-Bundesamt, Braunschweig.
Italia ENAC	https://www.enac.gov.it/ Certificación A1/A2, autorizaciones, registro. Ente Nazionale per l'Aviazione Civile.
Portugal ANAC	https://www.anac.pt/ Certificación de pilotos, autorizaciones, regulación nacional. Autoridade Nacional da Aviação Civil.
Países Bajos ILT	https://english.ilent.nl/ Inspección de Medio Ambiente Humano y Transporte. Autorizaciones y supervisión; el registro de operadores lo gestiona el RDW.

Cuadro 12.1
Autoridades competentes por Estado.

Directorio siempre actualizado

EASA mantiene un directorio de las autoridades nacionales de todos sus Estados miembros, con enlaces a cada portal nacional de drones. Las direcciones web y los datos de contacto cambian: confírmalos ahí antes de presentar cualquier solicitud.

https://www.easa.europa.eu/en/domains/civil-drones/naa

12.3.1 Contacto General EASA

Sede Central:

https://www.easa.europa.eu

EASA, Postfach 10 12 53, 50452 Cologne, Germany
Teléfono: +49 221 89990
Email: info@easa.europa.eu

12.4 Plantillas de Documentación Operativa

Esta sección recoge modelos de documentación operativa que el operador UAS puede reproducir y adaptar a sus propios procedimientos. Lo que importa de cada plantilla no es su maquetación, sino **qué campos debe contener** el documento para servir como prueba de diligencia ante la autoridad: cópialos al formato que ya utilices, en papel o en hoja de cálculo.

12.4.1 Plantilla 1: Solicitud de Autorización

Cuándo usar

Para operaciones que no caben en categoría abierta pero requieren SORA. Envíar a autoridad competente nacional.

1. Datos del solicitante	
Nombre	[Operador]
Número de registro	[EASA-XXXX-YYYY]
Dirección	[Domicilio]
Correo electrónico	[contacto@operador.es]
Teléfono	[Número]
2. Operación propuesta	
Descripción	[Ej.: inspección de infraestructura]
Ubicación	[Coordenadas GPS o descripción]
Altura máxima	[metros AGL]
Tipo de vuelo	[VLOS / BVLOS]
Duración total	[horas]
Fechas previstas	[desde – hasta]
3. Aeronave	
Modelo	[Fabricante / serie]
MTOM	[kg]
Clase técnica (C0–C6)	[C?]
Número de serie	[XXXX-YYYY]
Marcado CE	[Sí / No — adjuntar]
4. Personal	
Piloto remoto	[Nombre]
Certificado (A1/A3 o A2)	[Tipo y fecha]
Horas de vuelo	[Total]
Observador, si procede	[Nombre y datos]

5. Evaluación de riesgos	
Peligros identificados	[Relación]
Medidas de mitigación	[Relación]
Riesgo residual	[Nivel resultante]
Conclusión	[Riesgo aceptable / no aceptable]
6. Seguro de responsabilidad civil	
Aseguradora	[Nombre]
Número de póliza	[Número]
Cobertura	[Importe]
Vigencia	[Fecha inicio – fin]
7. Documentación adjunta	
Declaración de conformidad CE	☐
Certificado de piloto remoto	☐
Seguro de responsabilidad civil	☐
Evaluación de riesgos completa	☐
Plano de la zona de operación	☐
Procedimientos de emergencia	☐
Firma	
Firma del operador	
Fecha	

Cuadro 12.3

Solicitud de autorización operacional en categoría específica.

12.4.2 Plantilla 2: Manual de Operaciones

Propósito

Documento interno del operador que describe procedimientos, limitaciones y políticas de seguridad. Requerido para operaciones específicas/certificadas.

Capítulo 1. Descripción de las operaciones	
1.1 Tipos de operación	Inspección de infraestructura; mapeo y fotogrametría; [otras]
1.2 Limitaciones operativas	Altura máxima [m]; viento máximo admisible según el manual del fabricante; visibilidad mínima [m]; rango de temperatura
Capítulo 2. Personal	
2.1 Pilotos remotos	Nombre, certificado, horas de vuelo, áreas asignadas
2.2 Observadores	Nombre, formación, áreas asignadas
2.3 Personal técnico	Nombre, especialidad, responsabilidades
Capítulo 3. Aeronaves y equipos	
3.1 Registro de aeronaves	Modelo, número de serie, clase, estado
3.2 Estaciones de control	Especificaciones técnicas
3.3 Equipos de seguridad	Paracaídas, sistemas redundantes y otros

Capítulo 4. Comprobaciones previas al vuelo	
Inspección visual de la aeronave	☐
Verificación del enlace de datos	☐
Carga y centrado correctos	☐
Sistema de posicionamiento	☐
Nivel de batería suficiente	☐
Condiciones meteorológicas	☐
Espacio aéreo y obstáculos	☐
Capítulo 4. Procedimientos durante el vuelo	
Vigilancia	Seguimiento continuo de la telemetría
Comunicaciones	Coordinación con el servicio de tránsito aéreo, si procede
Alertas	Respuesta ante avisos del sistema
Registro	Anotación en el libro de vuelo
Capítulo 4. Comprobaciones posteriores al vuelo	
Aterrizaje sin novedad	☐
Anotación del vuelo en el registro	☐
Inspección de daños	☐
Almacenamiento seguro	☐
Carga de baterías	☐
Capítulo 5. Mantenimiento	
5.1 Inspecciones periódicas	Tarea, intervalo y responsable
5.2 Registro de mantenimiento	Remisión al libro de la aeronave
5.3 Reparaciones	Procedimientos y aprobaciones

Capítulo 6. Gestión de sucesos	
6.1 Definición	Qué se considera suceso notificable
6.2 Notificación	Procedimiento y plazo (72 h, Reglamento (UE) 376/2014)
6.3 Investigación	Análisis y acciones correctoras
6.4 Comunicación	Traslado a la autoridad competente
Capítulo 7. Referencias normativas	
Normativa aplicable	Relación de reglamentos y normas nacionales
Aprobación	
Responsable de aprobación	
Fecha	

Cuadro 12.7

Estructura de un manual de operaciones simplificado.

12.4.3 Plantilla 3: Evaluación de Riesgos SORA

Método

Basada en metodología SORA (Specific Operations Risk Assessment) de JARUS. Para operaciones en categoría específica.

Peligro	**Probabilidad**	**Severidad**
Colisión con obstáculo	Media	Grave
Pérdida del enlace de datos	Baja	Crítica
Fallo de batería	Baja	Moderada
Impacto con personas	Muy baja	Grave
Condiciones meteorológicas	Media	Moderada
Interferencia electromagnética	Muy baja	Grave

Cuadro 12.9
Identificación de peligros: probabilidad y severidad estimadas.

Nivel de riesgo inicial	
Sin mitigaciones	[Alto / Medio / Bajo]
Medidas de mitigación	
Colisión con obstáculos	Sensor de detección de obstáculos; altura reducida; piloto experimentado; observador dedicado
Pérdida del enlace	Enlace redundante; retorno automático; alarma de pérdida de conexión
[Otros peligros]	[Completar para cada peligro identificado]
Nivel de riesgo residual	
Con mitigaciones aplicadas	[Alto / Medio / Bajo]
Conclusión	
Resultado	[Operación autorizable bajo las mitigaciones descritas]
Próxima revisión	[Fecha o condición que la motiva]
Analista y firma	

Cuadro 12.11

Evaluación del riesgo, mitigaciones y conclusión.

12.4.4 Plantilla 4: Logbook de Aeronave

Requisito

Registro obligatorio para operaciones específicas/certificadas. Mantén un registro claro de cada vuelo.

Identificación de la aeronave	
Modelo	
Número de serie	
Operador	
Registro de vuelos — campos	
Columnas	Fecha · Piloto · Duración · Altura · Zona · Meteorología · Incidencias · Firma
Registro de mantenimiento — campos	
Columnas	Fecha · Tipo de servicio · Componente · Observaciones · Técnico · Firma
Defectos y reparaciones — campos	
Columnas	Fecha · Defecto · Acción · Resultado · Autorización · Firma

Cuadro 12.13
Libro de la aeronave: apartados y campos mínimos.

12.4.5 Plantilla 5: Checklist de Cumplimiento

Auditoría interna

Usa este checklist regularmente para verificar que tu operación cumple con todos los requisitos EASA.

Registro y certificación	
Número de registro de operador en vigor	☐
Marcado de clase en la aeronave	☐
Seguro de responsabilidad civil en vigor	☐
Documentación de importación, si procede	☐
Personal	
Piloto remoto con certificado en vigor	☐
Observador formado, si la operación es BVLOS	☐
Personal técnico con formación acreditada	☐
Operaciones	
Manual de operaciones actualizado	☐
Procedimientos de seguridad documentados	☐
Evaluación de riesgos de las operaciones específicas	☐
Autorizaciones o declaraciones en vigor	☐
Registros de aeronave y piloto al día	☐
Mantenimiento	
Inspecciones según el programa del fabricante	☐
Registro de mantenimiento completo	☐
Reparaciones documentadas	☐
Repuestos conformes	☐

Documentación	
Política de protección de datos e imágenes	☐
Procedimiento de notificación de sucesos	☐
Plan de respuesta ante emergencias	☐
Contactos de la autoridad competente	☐
Sistemas técnicos	
Identificación a distancia operativa	☐
Enlace redundante, si la operación es BVLOS	☐
Sistema de retorno automático	☐
Paracaídas, si la operación lo exige	☐
Obligaciones económicas	
Tasas de registro abonadas	☐
Tasas de tramitación abonadas	☐
Prima del seguro al corriente	☐
Resultado	
Conforme / No conforme	☐ ☐
Observaciones	
Auditor y fecha	

Cuadro 12.16

Lista de comprobación del cumplimiento normativo.

12.5 Referencias Normativas Consolidadas

12.5.1 Reglamentos Europeos Principales

Base legal

Estos son los pilares regulatorios de operaciones UAS en la Unión Europea.

- **Reglamento (UE) 2019/945** — Requisitos técnicos de aeronaves no tripuladas y sistemas de estaciones remotas.
  https://eur-lex.europa.eu/legal-content/ES/TXT/?uri=CELEX/
  ↪ 32019R0945
- **Reglamento (UE) 2019/947** — Reglas y procedimientos de operación de aeronaves no tripuladas.
  https://eur-lex.europa.eu/legal-content/ES/TXT/?uri=CELEX/
  ↪ 32019R0947

12.5.2 El Paquete U-space (Reglamentos de Ejecución)

Aplicables desde el 26 de enero de 2023:

- **(UE) 2021/664** — Marco regulador del U-space: define el espacio aéreo U-space, los servicios que deben prestarse en él y los requisitos de sus proveedores.
- **(UE) 2021/665** — Requisitos para los proveedores de servicios de tránsito aéreo en relación con el espacio aéreo U-space. Modifica el Reglamento (UE) 2017/373.
- **(UE) 2021/666** — Requisitos para las aeronaves **tripuladas** que operen en espacio aéreo U-space. Modifica el Reglamento (UE) 923/2012.

12.5.3 Guías de Implementación EASA

- **EASA Special Conditions — UAS.**
  https://www.easa.europa.eu/en/document-library/
  ↪ ?text=special+conditions+uas
- **Acceptable Means of Compliance (AMC) — UAS Operations.**
  https://www.easa.europa.eu/en/document-library/
  ↪ ?text=acceptable+means+uas
- **Executive Decisions — UAS Specifications.**
  https://www.easa.europa.eu/en/document-library/
  ↪ ?text=decisions+uas

12.5.4 Legislación Nacional (Ejemplos)

- **España:** Real Decreto 517/2024 (Ministerio de Transportes y Movilidad Sostenible).
- **Francia:** Arrêté 2022-1367 (Ministère des Transports).
- **Alemania:** Luftverkehrs-Ordnung (LuftVO) — Secciones UAS.
- **Italia:** Regolamento DS 18 Dicembre 2015 n. 494 (modificado).

12.6 Checklist Rápido: Antes de Operar

▶ Crítico

Completar este checklist antes de CADA operación UAS. Omitir pasos puede resultar en sanciones, accidentes o pérdida de certificación.

1. **¿Estoy registrado como operador?**
   Verificar: Número de registro activo, renovación vigente, seguro actualizado.
2. **¿Tengo certificación de piloto válida?**
   Verificar: Tipo (A1/A2/A3/Remoto), fecha de caducidad, especialidades necesarias.
3. **¿Mi dron está registrado y certificado?**
   Verificar: Número de serie, certificación CE, logbook actualizado, estado de aeronavegabilidad.
4. **¿La operación cabe en categoría abierta o requiere autorización?**
   Decidir: Open (A1/A2/A3), Specific (SORA), Certified. Solicitar autorización si procede.
5. **¿He revisado las restricciones de espacio aéreo?**
   Consultar: NOTAM, zonas prohibidas, espacios controlados, altitud máxima permitida.
6. **¿Las condiciones meteorológicas son seguras?**
   Verificar: Viento dentro de límites, visibilidad suficiente, ausencia de lluvia/nieve.
7. **¿He comunicado a ATC (si procede)?**
   Notificar: En espacios controlados o cercanos a aeródromos.
8. **¿Tengo seguro de responsabilidad civil vigente?**
   Confirmar: Póliza activa, cobertura suficiente, documento en poder.

9. **¿He completado checklist técnico pre-vuelo?**
   Verificar: Hardware, batería, enlace de datos, identificación remota, paracaídas.
10. **¿Está el área de operación despejada y segura?**
    Inspeccionar: Ausencia de personas, mascotas, obstáculos, interferencias.
11. **¿He documentado autorizaciones necesarias?**
    Guardar: Correos de autorización, permisos de propietarios de terreno, aprobaciones SORA.
12. **¿Estoy actualizado en normativa?**
    Revisar: Últimos cambios regulatorios, guías EASA, decisiones de autoridades nacionales.

Registro de operación

Registra esta operación en tu logbook tan pronto como aterrices. Incluye: hora, lugar, clima, duración, incidentes, observaciones. Este registro es obligatorio y crítico para auditorías.

12.7 Conclusión

Hemos llegado al final de *Listo para Volar*, un recorrido completo por el marco regulatorio, operativo y técnico de sistemas de aeronaves no tripuladas (UAS) en el espacio aéreo europeo bajo supervisión de EASA.

12.7.1 Lo que hemos aprendido

A través de doce capítulos hemos cubierto:

- **Marco regulatorio:** Historia, evolución y estructura de EASA, desde JARUS hasta la implementación actual (2026).
- **Categorías de operación:** Open (A1, A2, A3), Specific (SORA), Certified — cómo elegir la adecuada.
- **Certificaciones:** Requisitos de piloto, operador, personal técnico y procedimientos de aprobación.
- **Registro:** Procedimientos comunes EASA, números de registro, documentación requerida.
- **Espacio aéreo:** Zonas geográficas, U-Space, coordinación con ATC y fraseología.
- **Meteorología:** Interpretación de METAR/TAF, límites operativos, factores de seguridad.
- **Permisos y trámites:** Autorización de vuelo, documentación, relación con autoridades nacionales.
- **RGPD y privacidad:** Protección de datos, grabación de imágenes, notificación de terceros.
- **Logbooks:** Registro de operaciones, mantenimiento y auditoría de flota.
- **Operaciones especiales:** BVLOS, sobre aglomeraciones, nocturnas, profesionales.
- **Seguridad y prácticas:** Gestión de riesgos, mantenimiento, protocolos pre/post-vuelo.
- **Recursos:** Glosario, contactos de autoridades, plantillas operativas.

12.7.2 El camino hacia la seguridad y conformidad

La regulación EASA no es un obstáculo para la innovación en drones. Es un marco que:

Beneficios de EASA

- **Protege a terceros:** Requisitos técnicos y operativos minimizan riesgos.
- **Permite operaciones transfronterizas:** Certificación única en toda la UE.
- **Fomenta confianza:** Procedimientos transparentes y verificables.
- **Impulsa tecnología:** Categorizaciones basadas en riesgos, no límites arbitrarios.
- **Crea mercado:** Claridad regulatoria atrae inversión e innovación.

12.7.3 Responsabilidad del operador

Ser piloto remoto o operador UAS implica responsabilidad. No solo ante reguladores, sino ante:

- **Terceros:** Personas cuya seguridad depende de tu competencia técnica y decisiones.
- **Medio ambiente:** Uso responsable de espacio aéreo compartido.
- **Reputación del sector:** Cada incidente reduce la confianza pública en drones.
- **Tu propia viabilidad:** Incumplimiento lleva a sanciones, pérdida de certificación, responsabilidad civil.

12.7.4 Próximos pasos

Formación continua

La regulación EASA sigue evolucionando. Mantente actualizado:

- Consulta regularmente webs de EASA y autoridad nacional.
- Suscríbete a boletines de publicación de nuevas decisiones.
- Participa en formación continua (cursos de actualización).
- Únete a asociaciones de operadores para intercambiar conocimientos.

Si acabas de comenzar:

1. Escoge tu categoría de operación (abierta es lo más simple).
2. Obtén certificación A1/A2/A3 según tu tipo de dron.
3. Regístrate como operador en autoridad nacional.
4. Contrata seguro de responsabilidad civil.
5. Completa tu primer vuelo con rigor y documentación.

Si ya operas:

1. Revisa este manual regularmente.
2. Asegúrate de cumplimiento de checklist en cada operación.
3. Mantén logbooks actualizados.
4. Invierte en formación continua de equipo.
5. Comunica transparentemente con autoridades.

12.8 Resumen

Listo para Volar ha proporcionado una guía completa del ecosistema regulatorio de UAS en Europa. Desde historia y estructura regulatoria, pasando por operaciones prácticas, hasta herramientas y plantillas.

La clave del éxito en operaciones UAS no es ver la regulación como barrera, sino como **garantía de seguridad, confianza y viabilidad** de tu actividad. Cada requisito de EASA tiene fundamento en seguridad aérea.

Usa este manual como referencia viva: consulta capítulos según necesidad, adapta plantillas a tu contexto, mantente actualizado. La aviación no tripulada es futuro. Hazla segura, legal y sostenible.

▶ Validez de este documento

Este manual fue compilado en Agosto de 2026. Aunque los principios y estructura regulatoria son estables, algunos detalles (contactos, URLs, decisiones recientes) pueden cambiar. Verifica siempre con fuentes oficiales EASA/AESA antes de decisiones críticas.

12.9 Referencias Finales

Para información oficial:

1. **EASA Official Portal.**
   https://www.easa.europa.eu/
2. **European Legislation** (Buscar "UAS" o "Drones").
   https://eur-lex.europa.eu/
3. **Tu Autoridad Nacional:** (Ver tabla de autoridades en Sección 2).
4. **JARUS Specifications**
   https://jarus-rpas.org/
5. **U-Space Resources**
   https://www.eurocontrol.int//
   ↪ u-space

Objetivos

Has completado el aprendizaje de *Listo para Volar*. Felicidades. Ahora tienes el conocimiento y herramientas para:

- Entender completamente el marco regulatorio EASA.
- Elegir categoría operativa correcta para tu caso.
- Obtener certificaciones requeridas.
- Registrarte como operador.
- Operar segura, legal y responsablemente.
- Mantener documentación conforme a EASA.
- Responder auditorías regulatorias.
- Impulsar confianza en aviación no tripulada.

Ahora, a volar seguro. *¡Listo para volar!*

Has Completado el Libro

A lo largo de este libro, has explorado la normativa EASA aplicable a operaciones con drones en el espacio aéreo europeo, desde los marcos regulatorios fundamentales hasta las aplicaciones prácticas más especializadas.

Lo Que Has Aprendido

- **Marco regulatorio europeo** — Cómo surgió la regulación de drones en EASA y su evolución a través de los Reglamentos (UE) 2019/945 y 2019/947.
- **Categorías de operación** — Las tres categorías (Abierta, Específica, Certificada), sus requisitos técnicos y operacionales, y cómo clasificar tu operación.
- **Certificación y licencias** — Requisitos de formación y certificación de pilotos, operadores y personal de apoyo según categoría y subcategoría.
- **Registro y procedimientos administrativos** — Cómo registrarse como operador, registrar aeronaves, obtener seguros, y tramitar autorizaciones.
- **Espacio aéreo y U-space** — Zonas geográficas, comunicación con ATC, integración con espacios controlados y la evolución del U-space europeo.
- **Condiciones operacionales** — Consideraciones meteorológicas, límites técnicos y operacionales, y cómo tomar decisiones de vuelo/no-vuelo fundamentadas.
- **Protección de datos y privacidad** — Aplicación del RGPD en operaciones con cámaras, bases legales para grabación, y notificación a terceros.
- **Documentación y trazabilidad** — Logbooks de piloto y aeronave, registros de operaciones, preparación para auditorías, y cumplimiento normativo.
- **Operaciones especiales** — BVLOS, vuelos sobre aglomeraciones, operaciones nocturnas y profesionales (agricultura, inspección, fotogrametría, seguridad).
- **Seguridad operacional** — Gestión de riesgos operacionales, protocolos pre/post-vuelo, mantenimiento de sistemas, y respuesta ante incidentes.

Próximos Pasos

Ahora estás equipado para:

1. **Caracterizar tu operación** — Usa el Capítulo 2 para determinar en qué categoría encaja tu operación (Abierta, Específica, Certificada).
2. **Identificar requisitos de formación** — Consulta el Capítulo 3 para determinar qué certificación necesita tu personal (A1/A3, A2, Operador Específico).
3. **Evaluar tu espacio aéreo** — Aplica el Capítulo 5 para entender zonas geográficas, coordinación con ATC y restricciones locales.
4. **Preparar tu documentación** — Usa el Capítulo 9 para establecer logbooks, registros de operaciones y sistemas de auditoría.
5. **Validar con autoridades locales** — Consulta el Capítulo 7 para entender procedimientos específicos de tu autoridad nacional (AESA, DGAC, LBA, ENAC, ANAC).
6. **Operacionalizar con seguridad** — Implementa los protocolos del Capítulo 11 para garantizar operaciones seguras, responsables y conformes.

"La regulación de drones no es un obstáculo para la innovación. Es el fundamento sobre el cual se construye la confianza en sistemas que operan en espacios compartidos con personas."

Daniel Martínez González
Septiembre de 2026

Made in the USA
Monee, IL
08 November 2026

67812917R00223